개정판

식품관능검사법

김우정 · 구경형 공저

도서출판 효 일
www.hyoilbooks.com

머리말

일상생활을 유지하는데 기본적으로 필요한 의식주 중 주식에 해당하는 식품(식)은 건강을 유지하고 성장에 필요한 영양분을 공급하는 중요한 역할을 한다. 식품의 중요한 요소는 크게 무게, 부피 등의 양적인 요소와 영양성분, 독성물질, 부패 여부를 나타내는 영양 위생학적인 요소, 마지막으로 소비자와 가장 밀접한 관계가 있는 맛, 냄새, 텍스쳐 등의 관능적 품질요소가 있다. 어떠한 식품이 양적인 요소와 영양 위생학적인 요소가 충족된다고 하더라도 맛이 없거나 냄새가 좋지 않다면 식품으로서의 가치가 상당히 떨어지게 되므로 식품을 선택하는데 있어서 관능적 특성은 대단히 중요한 요소이다.

관능검사란 사람이 측정기구가 되어 식품이나 물질의 특성을 평가하는 방법으로 식품업계에서는 새로운 목표를 설정하고 제품 개발 및 품질 관리 등을 수행하는데 있어서 길잡이가 되고 학계와 연구소에서도 연구에 반드시 필요한 부분으로 대두되고 있다. 매년 관능검사 워크샵이 개최되고 관능검사에 관한 논문도 상당수에 이르고 있으나, 관능검사에 꾸준한 관심을 가지고 공부를 하지 않으면 관능검사의 계획부터 결과분석에 이르기까지 전체를 파악하기는 어렵다.

최근에는 식품을 연구하는 산학연뿐만 아니라 예를 들면 식품을 보관하거나 조리할 수 있는 제품을 취급하는 전자회사, 식품포장업체, 식품 제조 설비 업체, 농산물 생산 업체 등 식품과 연관된 업계에서도 관능검사에 관심을 가지고 있다. 이들 대부분은 가두에서 펼쳐지는 식품 판촉을 위한 기호도 검사에 경험이 있는 사람들로 쉽게 관능검사를 생각하고 검사를 수행하는데, 결과를 분석하게 되면 예상하지 못했던 결과가 나오게 되는 경우가 많다. 즉 관능검사를 쉽게 생각하고 수행하고자 하는 사람들은 많은 시행착오를 겪은 후에야 관능검사 전문업체나 전문가에게 자문을 얻고자 하는 경우가 많다.

이 책은 관능검사를 처음 접하는 사람이 쉽게 관능검사를 이해하고, 실험에 임할 수 있도록 예시와 실험 방법, 패널요원 선정 및 결과 분석 등의 순서로 책을 구성하였다. 즉 산업현장 또는 연구 과정 중에 직접 사용하였던 예시를 제시함으로써 이해를 용이하게 하였고, 이를 기초로 하여 자신이 하고자 하는 실험계획 및 결과 분석을 도출할 수 있도록 하였다. 저자들은 이 책이 관능검사와 관련되어 실무를 담당하는 이들에게 쉽게 응용될 수 있기를 원하는 바이다.

2001. 8

차 례

제1장 서 론 / 9

1. 관능검사의 중요성 ··· 9
2. 관능검사의 역사 ··· 10
3. 식품의 관능적 요소 ··· 11
4. 관능검사의 이용 ··· 12
5. 관능검사 절차 및 부서의 조직 ··· 13
   1) 관능검사의 절차 ·· 13
   2) 관능검사 부서의 조직 ·· 14
   3) 관능검사 업무의 단계 ·· 15

제2장 영향요인 및 검사조건 / 17

1. 영향요인 ··· 17
   1) 일반적 요인 ··· 17
   2) 검사 시의 영향요인 ·· 20
2. 검사조건 ··· 20
3. 심리적 오차 ··· 20
4. 한계값 ··· 22
5. 맛과 냄새의 둔화현상 및 회복 ··· 23

제 3 장 관능검사실의 설비 및 시료제시 방법 / 25

1. 관능검사실의 설비 ·· 25
2. 시료준비 ··· 28
3. 시료의 제시방법 ·· 29

제 4 장 패널요원의 선정과 훈련 / 33

1. 패널의 분류 ··· 34
   1) 훈련 유무에 따른 분류(Rainey, 1979) ·················· 34
   2) 검사 목적에 따른 분류(Kim, 1989) ····················· 34
2. 모집 및 선정 과정 ·· 35
3. 선발 및 훈련 ·· 40
   1) 차이식별검사를 위한 선발(Meilgaard, 1987) ·········· 40
   2) 묘사 분석을 위한 선발 ······································· 42
   3) 품질관리를 위한 선발 ··· 43

제 5 장 관능적 특성의 정량적 평가방법 / 47

1. 항목 척도(Category scale) ····································· 48
2. 선척도(Line scale 또는 liner interval scale) ·········· 49
3. 크기추정 척도(Magnitude estimation) ····················· 50

제 6 장 차이식별 검사 / 51

1. 종합적 차이 검사 ·· 51
   1) 단순 차이 검사(Simple difference test) ··············· 52
   2) 일-이점 검사(Duo-Trio Test) ··························· 54
   3) 삼점 검사(Triangle Test) ································· 56
   4) 확장 삼점 검사(Extend Triangle Test) ·············· 59
2. 특성차이 검사(Attribute Difference Test) ············· 60
   1) 이점 비교 검사(Paired Comparison Test) ············ 60
   2) 순위법(Ranking Test) ···································· 62

3) 평점법(Scoring Test) ··· 69

4) 다시료 비교검사(Multiple comparison test) ·············· 75

제 7 장 묘사분석 / 95

1. 묘사의 선정 및 특성 분류 ··· 96

    1) 향미 프로필 방법 ··· 96

    2) 텍스쳐 프로필 방법 ··· 99

    3) 정량적 묘사 방법 ··· 103

    4) 스펙트럼 묘사 분석 ·· 105

    5) 시간-강도 묘사분석 ·· 107

제 8 장 기호도 검사 / 109

1. 소비자검사 방법 ··· 110

    1) 이점비교법 ··· 110

    2) 기호도척도법 ··· 112

    3) 순위법 ··· 114

    4) 적합성 판정법 ·· 114

2. 소비자 기호도 조사의 장소 ·· 115

    1) 실험실 검사 ·· 116

    2) 중심지역검사 ··· 116

    3) 가정사용검사 ··· 117

부록 I ·· 121

부록 II ··· 141

참고문헌 ·· 167

찾아보기 ·· 173

제 1 장

서 론

1 관능검사의 중요성

우리는 일상생활을 유지하는데 기본적으로 필요한 의식주 중 주식에 해당하는 식품의 경우 입을 통하여 씹거나 마시면서 섭취하고 있다. 식품은 섭취하기 전에 먼저 눈으로 겉모양과 크기, 색, 광택, 침전물 등 겉모양과 특성을 보고 선택하게 되고, 손으로 잡아 보거나 스푼이나 젓가락으로 집거나 저어서 조직과 액상의 특성을 느끼며, 냄새를 맡아 품질의 좋고 나쁨을 판별한 후 선택을 한다. 이렇게 선택된 식품을 입에 넣어 마시거나 씹을 때의 향미, 조직의 특성, 소리 등으로 식품의 전반적인 관능적 특성을 평가하게 된다. 즉 식품을 선택하고 섭취하는 과정에는 시각, 촉각, 미각, 청각, 후각의 5가지 감각기관이 모두 관여하게 된다.

식품은 건강을 유지하고 성장에 필요한 영양분을 공급하는 중요한 역할을 하지만 섭취할 때의 즐거움 역시 영양분 공급만큼이나 중요하다. 예를 들면 어떤 식품이 아무리 이상적인 영양성분의 조성과 양을 가진 식품이라고 하더라도 섭취할 때 불쾌하여 사람이 먹지 않는다면 영양분의 공급이라는 역할이 상실되는 것이다. 그러므로 식품은 몇가지 품질 요소를 갖추어야 하는데 크게 세 가지 요소로 나눌 수 있다.

■ 첫 번째 요소 : 식품의 무게, 부피, 불순물의 유무 등 양적인 요소.
■ 두 번째 요소 : 영양성분의 양과 조성, 식중독을 일으키는 미생물이나 화학물질의 유무 등 영양위생적인 요소.
■ 세 번째 요소 : 맛, 냄새, 씹힘성 등 우리의 기호도와 직접적인 관계가 있는 관능적 특성.

양적인 요소와 영양성분, 독성물질, 부패 여부는 여러가지 물리적, 화학적, 미생물학적 방법으로 분석할 수 있어 이러한 품질 특성은 회사 자체의 검사와 국가기관 검사로 규제할 수 있다. 그러나 맛, 즉 선호도를 좌우하는 관능적 품질요소는 물리화학적 측정이 불가능하며 소비자들에 의하여 판정된다는 면에서 다른 두가지 요소와는 다르다고 할 수 있다. 또한 관능적 특성은 식품의 가치와 시장성에 영향을 주어 소비자와 마지막으로 접하게 되는 가장 중요한 품질요소라 할 수 있다.

우리가 음식을 먹을 때 맛이 '좋다' 혹은 '나쁘다'고 흔히 이야기하는데, 협의의 의미로는 혀로 느낄 때의 맛이라고 할 수 있고, 광의의 의미로는 식품 전체의 기호도 즉 맛, 냄새, 씹힘성, 색과 외형, 씹을 때의 소리 등 종합적인 느낌을 맛이라고 표현할 수 있다.

식품 생산업자들은 소비자의 구미에 맞고 구매 충동을 높이기 위하여 '맛이 있는' 식품을 생산하고자 심혈을 기울이게 되는데, 이때 향미와 조직 특성 그리고 포장과 디자인에 중점을 두게 된다. 이를 위하여 시행되는 관능검사는 식품생산의 새로운 목표 설정과 제품개발 및 품질관리 등에 이용된다. 또한 원활한 관능검사수행을 위하여 회사 내에서는 관능검사 전담부서와 전문직원, 관능검사실의 설치, 훈련된 관능검사요원(패널)의 확보, 관능검사방법의 선정 및 결과분석의 체계화 등이 이루어져야 한다.

2 관능검사의 역사

식품의 관능검사는 세계 2차 대전을 기점으로 하여 1970년대에 이르면서 크게 발전되었고, 그 후 꾸준히 연구 발전되고 있는 분야이다. 미국 IFT(Institute of Food Technologists)의 관능검사 분과위원회에서는 "식품의 관능검사란 식품의 특성을 시각, 후각, 미각, 촉각 및 청각으로 느껴지는 반응을 평가 분석하여 해석하는 과학의 한 분야"라고 정의하였다. 이러한 관능검사는 미국의 경우 1900년대 중반까지 식품에 대한 기호도 검사나 생산 결정 등이 조미 책임자나 차, 포도주의 감정사 등 한 사람의 전문가에 의해 이루어져왔다. 그러나 1940~1950년에는 관능검사에 대한 식품산업계의 관심과 요구가 높아지고, 특히 2차 세계대전 전후에 군인의 급식을 위하여 영양 및 건전성은 물론 맛이 좋은 식품의 제공이 중요하다는 것을 인식하면서 관능검사를 체계적으로 연구하게 되었다.

또한 영양결핍 지역인 저개발국가에 값싼 영양식품을 공급할 때, 그 지역에 맞는 최소한의 기호도를 갖는 식품 개발의 필요성을 인정하고 그 방법을 모색하게 되었다. 이에 따라 1950년대 미국, 캘리포니아 대학(Davis)에서 관능검사 강의가 처음 개설되었고, 그 때부터 관능검사 전문 요원이 배출되기 시작하였다.

그 후 1960~1970대에 관능검사 방법의 개발과 함께, 통계적 개념 도입으로 Principle of sensory evaluation of Food (Amerine, 1965), Methods for sensory evaluation of Food (Larmond, 1967) 등의 전문학술서적이 발간되었다. 그 후 연구논문의 발표가 늘어나고 이에 따라 관능검사에 관한 단기강좌와 워크샵도 개최되기 시작하였다. 1970년 이후에는 계속적인 전문서적 발간과 새로운 관능방법 개발 및 통계적 처리 방법의 제시와 함께 관능검사를 대행해 주는 전문회사가 설립되었다.

우리나라에서도 신제품 개발이나 기존 제품의 품질 개선을 위하여 식품회사의 몇몇 연구원과 임원들이 결정해오던 것이 1980년에 접어들면서 제품의 평가는 객관적이고 통계적이어야 한다는 필요성을 인식하고, 체계적으로 접근하기 시작하였다. 이때부터 회사에서는 과학적으로 접근하는 관능검사에 관심을 갖기 시작하였고, 몇몇 대학에서는 관능검사 강의가 개설되었다. 1989년에는 관능검사 워크샵과 단기강좌를 여는 수준에 도달하였으며, 현재에는 관능검사 전문서적인 관능검사방법 및 응용(김 등, 1993)의 출판과 함께 식품관련 학술지에 관능검사를 사용한 논문이 계속 증가하고 있는 추세이다.

3 식품의 관능적 요소

식품의 관능적 요소는 색과 광택(시각), 냄새(후각), 맛(미각), 손으로 만질 때의 느낌(촉감, 감촉)과 입안에서의 감촉(촉각)과 씹을 때 나는 소리

와 느낌 등이 있다. 이들 요소는 독립적으로 느끼기도 하지만 많은 경우 상호관련을 가지고 있는 것이 특징이다.

- 시각적 요소 : 색, 광택, 외관 등
- 후각적 요소 : 냄새
- 미각적 요소 : 맛
- 촉각 및 운동감각 요소 : 손과 입안의 촉감, 조직감, 온도, 통증(pain) 등

관능적 특성분류
- 겉모양 특성 : 색(강도, 채도, 균일성 등), 표면의 균일성, 조직성(광택, 부드러움, 거칢), 크기와 모양, 입자나 구성 물질간의 형태(뭉침성, 흩어짐성)
- 냄새 특성 : 후각에 의한 냄새(과일, 바닐라, 된장 냄새 등), 콧속 피부느낌(박하 냄새, 얼얼한 냄새, 자극성 냄새)
- 맛 특성 : 기본 맛, 냄새와 함께 느끼는 맛(과일 맛, 산패한 맛, 바닐라 맛 등), 입안 피부 느낌(매운맛, 떫은맛, 금속 맛)
- 텍스쳐 특성 : 기계적 느낌(단단함, 깨짐성, 접착성, 질김성), 기하학적 느낌(섬유질, 거칢, 매끄러움), 기름과 수분함량(기름기가 많은, 건조한, 물기가 많은)
- 피부 느낌 특성 : 힘에 의한 기계적 성질(발림성, 미끄러움성, 농후함), 기하학적 성질(거품성, 푸석푸석함, 낱알성)
- 손느낌 특성 : 눌림성, 탄력성, 단단함, 매끄러움성
- 소리 특성 : 처음 부서지는 소리, 여러 번 씹을 때 소리, 손으로 파괴할 때 소리

4 관능검사의 이용

식품의 관능검사는 사람의 미각, 후각, 시각, 촉각, 청각 등 5가지 감각을 이용하여 소비자 기호에 적합하며 제품의 경쟁력 향상, 제조방법의 개선 등 식품 제조회사의 개발 정책을 위한 여러 가지 목적에 응용될 수 있다(Nakayama, 1979 ; Erhardt, 1978 ; Carter & Riskey, 1990).

- 신제품 개발 : 개발된 신제품이 유사 제품의 관능적 품질과 비교하여 어

떤 차이가 있는지 알아보며, 표준제품과 비교하여 신제품의 기호도가 어떤지 조사(제품 배합비 결정 및 최적화 작업).

■ 소비자 기호도 검사 : 개발된 신제품에 대한 소비자의 기호도 조사.
■ 품질 기준 설정 : 제품의 원료 및 제품을 분류하고 품질 특성에 따른 등급을 정하며, 품질 기준 설정에 이용.
■ 품질 개선 : 시장에서 상대적으로 우수한 경쟁력을 유지하도록 품질을 개선하는데 이용.
■ 원가절감 및 공정개선 : 값이 싼 원료의 대체와 생산성이 향상된 공정으로 생산된 제품이 기존제품과 차이가 있는지 조사.
■ 원료의 선택 : 품질 좋은 최종 제품을 갖기 위한 적절한 원료의 선택.
■ 품질관리 : 품질 관리시 물리화학적 측정과 함께 각 제조공정의 균일한 품질 유지와 최종제품의 유통과정중 품질을 유지하는데 이용.
■ 품질 수명의 예측 및 저장 유통조건 설정 : 제품의 저장 및 유통시의 변화를 조사하여 유통기간을 설정하고 유통기간 연장을 위한 저장, 유통 조건의 개선에 이용.
■ 제품의 색, 포장 및 디자인의 선택 : 소비자에게 상품 가치를 높이기 위하여 제품의 색, 형태, 포장, 디자인 등을 선택하는데 이용.
■ 기 타 : 마케팅 부서에서 제품에 대한 개념 설정 및 광고 계획에 이용. 타회사 제품과 비교한 제품의 판매를 예측하고, 판매 향상을 위한 품질 개선과 판매 전략 수립에 이용.

5 관능검사 절차 및 부서의 조직

1) 관능검사의 절차

관능검사 업무를 위하여 팀 또는 부로 구성되어 있는 곳은 식품회사의 연구 부서와 대학, 연구소에 있는데, 회사의 경우 주로 신제품 개발 및 개선, 유통조건 설정, 품질 관리 등 다양한 목적으로 관능검사를 하고 있다.

제품 개발의 경우 시제품을 생산하고 시장에 판매하여 소비자의 반응을 보는 것보다 위험성이 적고 비용이 절감되기 때문에 회사에서는 관능 검사 담당 부서를 만들어 제품의 평가 및 소비자의 기호도 및 시장성을 독립적으로 조사, 운영하고 있다.

관능검사를 위한 일반적인 절차를 보면 ⅰ) 관능검사 부서의 소속을 정하고 ⅱ) 보고대상 선정 ⅲ) 자사 제품과 경쟁 제품의 관능적 특성에 관한 정보 확보 ⅳ) 훈련된 관능 검사 요원 확보 ⅴ) 대상 제품의 관능적 품질 평가 방법 확립 ⅵ) 관능검사 결과와 물리화학적 측정치의 상관관계 분석 및 새로운 검사 방법의 개발 ⅶ) 패널요원의 선발 및 검사 실시이다.

2) 관능검사 부서의 조직

관능검사 부서의 전문인력은 책임자와 간부로 구성되며, 책임자는 관능검사에 관한 전반적인 지식뿐만 아니라 관리기술이 있어야 한다. 관능검사 간부는 책임자가 부여한 임무를 수행하고 검사계획을 세우며 관능검사가 잘 진행이 되도록 시료의 준비와 관능검사를 감독한다.

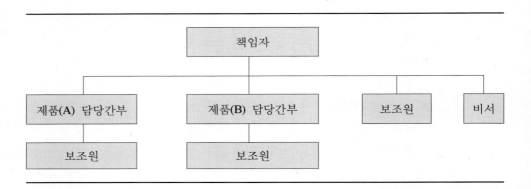

그림 1-1 관능검사의 일반적인 조직체계

관능검사의 전문직원은 책임자와 간부로 나눌 수 있는데, 책임자의 역할은 관능검사 부서의 조직 및 행정, 관능검사 활동의 계획 및 관리, 관능검사 방법의 선정, 관능검사의 전반적 설계 및 시설 확보와 유지, 간부의 교육 및 훈련, 검사결과의 보고, 새로운 방법에 관한 정보 수집 및 연구, 관능검사가 필요한 모든 부서간의 협력체제 유지를 들 수 있다. 간부의 역할은 책임자가 부여할 임무 수행, 검사계획 설정, 시료준비 및 관능검사 감독, 검사결과의 분석 및 기록 정리, 패널 선정, 관능검사 요청자와 결과에 관하여 의견 고찰, 앞으로 실시할 검사 검토 계획 등이 있다.

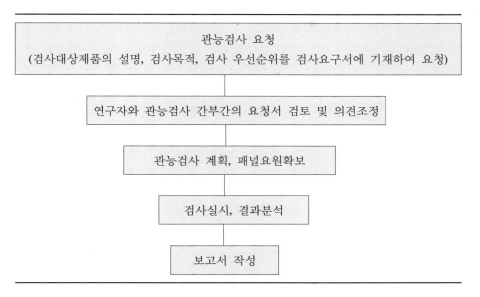

그림 1-2 관능검사의 업무단계

3) 관능검사 업무의 단계

관능검사 부서는 모든 활동범위와 목적을 기술하고 관능검사의 요청과 보고, 간부의 업무분담, 패널요원의 선정 절차 등에 관한 운영지침에 따라 <그림 1-2>와 같은 단계를 거쳐 관능검사 업무가 수행된다.

한편 이와 같은 절차에 의해 관능검사를 실시할 때 주의할 사항은 먼저 검사를 위한 적절한 실험설계를 구상 하며, 패널요원의 올바른 선정과 훈련, 시료의 준비와 제시에 세심한 주의를 하고 적절한 검사 방법의 선택 및 실시, 결과의 통계적 분석 및 해석을 한 후 결정을 내려야 한다.

제 2 장

영향요인 및 검사조건

식품을 관능적으로 평가할 때는 평가하는 사람의 감각과 주관적인 판단에 의하여 이루어지는 것으로 각 개인의 건강 상태나 사회적 배경, 날씨, 검사환경, 검사시료의 온도, 검사시간 등이 영향을 주며 검사 당시의 시간적 여유, 선입관, 검사방법, 결과의 통계분석방법 등이 관능검사에 영향을 준다.

이러한 요인들을 잘 고려하여 적절한 검사요원을 선정하고 훈련시켜 통계적으로 분석하면 대단히 신빙성이 있는 결과를 얻을 수 있다.

1 영향요인

1) 일반적 요인

개인적인 요인

■건강상태 : 질병이 있는 사람은 일반적으로 신맛을 제외한 모든 맛의 예민도가 감소한다고 한다(Kalmus, 1960). 당뇨병을 가지고 있는 사람은 단맛에 대한 예민도가 감소하고, 황달에 걸린 사람에게 nicotic acid를 정맥 주사하면 몇 초안에 혀 끝에서 금속 맛이나 따끔따끔한 느낌을

유발시킨다(Hollingworth, 1917).

■수면 부족과 배고픔의 영향 : 잠이 부족한 사람은 짠맛과 단맛의 한계값 (threshold)에는 영향을 주지 않으나 신맛의 한계값에는 영향을 주고 (Furchtgott, 1960), 배가 고픈 사람은 4가지 기본맛에 대한 예민도가 증 가한다. 예민도의 감소 정도는 섭취한 칼로리 증가만큼 비슷하게 감소 하며 신체의 상태에 따라 각각의 맛에 대한 예민도가 다르다고 한다 (Yensen, 1958). 예를 들면 소금이 부족할 경우 소금에 대한 예민도가 증가하고, 수분이 부족한 경우 소금의 예민도는 증가하나 신맛에는 영 향이 없다는 보고도 있다(Pangborn, 1951).

■나이 : 나이에 따른 맛의 한계값은 신생아는 35~40일까지는 맛의 차이 를 나타내지 않으나(Beidler, 1961b), 4~5살의 어린이는 오렌지 주스의 기 호도 차이를 분별할 수 있다고 한다. 단맛은 50세 이상의 그룹이 15~ 19세의 그룹보다 한계값이 높아 예민도가 감소하며(Richter, 1940a) 관능 검사의 정확도에 있어서 고등학교 학생(15~18살)이 성인보다 오렌지 주스를 평가하는 능력이 높다. 전반적으로 나이가 들어감에 따라 4가지 기본 맛에 대한 예민도가 감소한다고 보고된 바 있다. 한편 냄새의 예 민도는 어린이보다 어른이 훨씬 강하다고 보고되었는데, 이는 기억력과 교육이 더 많이 관여되기 때문이며 경험이 있는 성인의 패널요원이 관 능검사에 더 유용하다고 보고된 연구도 있다(Cooper, 1959).

■성별 : 일반적으로 여학생이 남학생보다 맛의 예민도가 높고, 여성의 생 리기간이 관능검사의 예민도에 영향을 미친다고 한다(Pangborn, 1959). 기호도 검사에는 성별차이가 없으나 여자가 남자보다 일정한 평가를 한 다는 보고도 있다(Schneider, 1955).

■흡연 : 흡연이 일반적으로 영향을 끼치지 않는다고 보고(Cohen, 1960 ; Krut, 1961 ; Freire-Maia, 1960)가 되어 있지만 과도한 흡연자(하루 1. 5~2갑)는 패널요원으로 적당치 않다. 특히 관능검사 전 1~2시간 안에 는 흡연이 좋지 않으며, 30분 이전에는 반드시 흡연을 하지 않도록 요 청하고 있다. 또 흡연자는 담배냄새가 몸이나 옷에 배어 있지 않아야 하며 향수나 향이 있는 비누도 사용하지 않는 것이 좋다.

■감정적인 요인 : 감정적인 요인은 패널요원이 검사에 집중하는데 영향을 미 치고 그들의 정확도를 감소시킬 수 있다. 즉 관능검사에 대한 흥미나, 동 기, 평가하고자 하는 물질에 대한 정보 등이 있는데, 일반적으로 관능검

사에 있어서 흥미를 가장 중요한 요인으로 보고 있다. 또 검사의 목적이나 필요성에 관한 정보는 검사자의 반응을 억제하거나 이전의 정보가 검사에 불필요한 영향을 주기도 한다. 예를 들면 두 가지 시료의 농도 범위를 알고 있는 시료를 비교하게 되면 전혀 모를 경우보다 강도를 더 높거나 낮게 평가하는 경향이 있고, 자기 회사의 제품은 더 좋게 평가하려는 경향이 있으므로 시료에 관한 정보는 최소한으로 알려 주어야 한다.

■ 기타 : 술, 편식여부, 교육정도, 색맹, 미맹 등도 관능검사에 영향을 준다.

환경적 요인

■ 계절, 온도, 날씨 : 관능검사실이 적절히 설계되고 검사조건이 일정하면 계절이나 날씨는 영향을 주지 않는다고 알려져 있다(Henning, 1921 ; Pfaffman, 1959). 그러나 이러한 환경변화는 패널요원의 심리에 영향을 줄 수 있어 패널요원이 관능검사에 객관적 자세를 유지하는 마음을 갖도록 해야 한다. 만약 검사하고자 하는 시료가 계절이나 온도에 관련된 제품이라면 기호도 검사에는 어느 정도 영향을 줄 수 있겠지만 반복된 검사와 검사자의 객관적 유지로 그 영향을 최소화할 수 있다. 외부의 온도는 맛이나 냄새의 평가에 있어서 많은 영향을 주는데, 이는 혀나 코의 감각기관의 예민도가 온도에 의해 달라지기 때문이다. 이 경우도 검사실과 주위의 온도조절로 그 영향을 극복할 수 있다.

■ 오전, 오후, 시간 : 식사 전 배가 고플 때와 식사 직후 배부를 때의 예민도는 큰 차이가 있다. 식사 전 30분이 예민도가 가장 높은 시간이고 식사 후 1시간 이내에 크게 감소한다고 보고되어 있다(Yensen, 1959). 그러므로 관능검사는 각 식사시간의 중간 즉, 오전 10시 30분과 오후 3시 30분이 가장 적절하나 회사원을 패널요원으로 사용할 경우 업무의 시작시간이나 마감시간은 회사 일에 많은 신경을 쓰므로 이 시간은 피한다. 주간 요일별로는 업무가 시작되는 월요일이나 주말은 심신상태가 분산되어 있어 관능검사를 실시하는데 집중력이 감소한다.

종교 사회면

종교적으로 어떤 식품에 대해 불경스럽게 생각하거나 금기식품을 검사하게 하는 것은 무리가 있고, 지역에 따라 전혀 섭취하지 않거나 익숙치 않은 식품을 특정 지역의 사람들이 평가를 하면 올바른 결과를 얻을 수 없다.

2) 검사 시의 영향요인

관능검사 시의 요인으로는 패널요원의 건강, 시간적 여유, 관심도, 협조의식, 실시시간, 검사 방법 및 질문지에 영향을 받을 수가 있다. 특히 아래의 사항을 주의할 필요가 있다.

- 감기 환자, 신경계에 이상이 있는 자는 관능요원에서 제외
- 치아나 잇몸 위생에 이상이 있는 자는 관능요원에서 제외
- 심리적으로 시간적 여유가 없는 자는 관능요원에서 제외
- 흡연자의 경우 관능검사 전 30~60분 정도 흡연을 금함
- 진한 커피는 관능검사 전 1시간 동안 금함
- 식사 전후 1시간 이내에는 관능검사를 금함

2 검사조건

관능검사를 원활히 하기 위해서는 기본적으로 검사 조건이 충족되어야 하는데 그 중 중요한 것은 관능검사만을 위한 시설이다. 즉 전용으로 관능검사만 할 수 있는 공간 확보와 특별한 배려가 요구된다. 관능검사실의 위치, 환기, 조명, 시료의 준비 등 관능요원이 평가를 하는데 있어서 최적의 상태를 준비하는 것이 검사 조건이 된다. 자세한 사항은 관능검사 시설 및 시료 제시 방법에서 논하였다.

3 심리적 오차

환경이나 종교, 사회면 외에도 시료의 제시 방법과 검사시에 여러 가지 요인에 의해 심리적 오차가 발생하게 된다(Gregson, 1963 ; Amerine, 1965 ; Lawless, 1984 ; O'Mahony, 1986). 이 경우 올바른 관능검사 방법에 의해서 잘 훈련된 패널을 이용하면 오차를 상당히 줄일 수 있다. 대표적 심리적 오차의 종류는 다음과 같다.

- 중앙경향오차(Error of central tendency) : 패널원이 검사시 척도의 중간 범위점수를 주려는 경향으로 훈련되지 않은 패널에게 잘 나타나서 실제로는 제품간

에 큰 차이가 있음에도 불구하고 결과는 차이가 적은 것으로 나타난다.

- 순위오차(Order error or time error) : 관능검사 시 시료의 제시순서나 제시위치에 따라 일어나는 오차이다. 이런 오차를 줄이려면 제시순서 또는 위치를 균형있게 배치하여 제공한다.
- 기대오차(Error of expectation) : 실제로 제품 간에 품질차이가 없는데도 있을 것이라고 기대하고 관능검사에 임할 때 생기는 오차이다.
- 습관오차(Error of habitation) : 시료간의 차이가 완만하게 증가하거나 감소할 경우 동일한 시료인 것처럼 느껴지는 경향에서 생기는 오차이다.
- 자극오차(Stimulus error) : 시료 자체의 차이는 없으나 시료를 담은 용기의 재질과 색, 무늬, 그리고 조명 등이 평가에 잘못을 일으키는 오차이다.
- 논리적 오차(Logical error) : 식품의 두 가지 품질 특성이 논리적으로 관련이 있다고 생각하여 한 가지 특성이 같으면 다른 특성이 다르더라도 동일하다고 평가하는 오차이다.
- 근사오차(Proximity error) : 비슷한 품질 특성을 전혀 다른 품질 특성에 비하여 유사하게 평가되는 오차이다.
- 대조오차(Contrast error) : 품질이 우수한 식품 뒤에 좋지 않은 식품을 평가할 때 각각 따로 검사할 때보다 대조가 심하게 나타나는 현상이다.
- 연상오차(Association error) : 과거의 인상을 반복하는 경향으로 자극에 대한 반응이 과거 연상 때문에 감소하거나 증가하는 현상이다.

또한 실제로 존재하는 자극을 감지하지 못하는 경우와 존재하지 않는 자극을 존재하는 것처럼 판단하는 경우가 있는데 전자는 제1종 오차(error of the first kind)라 하고, 후자는 제2종 오차(error of the second kind)라 한다. 그 외의 심리적 상태 및 경험상으로 오차를 유발할 수 있는데, 그 경우는 시간적 여유가 없는 상황에서 검사를 할 경우 오차 요인이 될 수 있으며 부정확한 기억력이 맛의 차이를 수량적으로 표시하는데 있어 오차를 줄 수 있다.

맛의 상호작용에 의한 오차의 경우 일반적으로 식품에는 두 가지 이상의 맛이 존재하는데 서로 맛을 감소시키거나 또는 증가시키는 경우가 있다. 한 가지의 맛이 다른 맛에 미치는 효과는 그들의 상대적인 농도에 따라 달라지는데, 한 가지 구성성분이 다른 성분에 비해 훨씬 많이 존재한다면, 높은 성분의 맛이 더욱 강하게 나타나며 그 양이 어느 정도 감소하면 맛이 두드러진다 하더라도 강도의 감소폭이 커지면서 다른 성분의 맛을 뚜렷이 느낄 수 있다. 맛의 상호작용은 매우 복잡하여 사용된 농도와 적용 방법, 패널 요원의 경험 및 훈련 정도 등에 따라 다른 결과가 나온다. 예를 들면 맛의 강화현상은 소금과 물을 번갈아 가며 계속해서 맛보도록 했을 때 소금의 맛이 둔화되지 않고 점점 더 강해지고 또 신맛을 맛보면 더 강하게 느껴지는 현상이다.

4 한계값

한계값(threshold) 선정은 실제로 대단히 결정하기 어렵다. 한계값에는 크게 두 가지로 정확한 맛은 모르지만 맛의 차이를 느낄 수 있는 최소 농도를 나타내는 절대한계값(역치)과 특정한 맛을 식별해 낼 수 있는 최소의 농도인 감지 한계값(역치)으로 나타낼 수 있다. 그 외에 차이 역치 (difference threshold)와 terminal threshold가 있다.

한계값은 관능요원의 선정이나 훈련에 많이 사용하고, 맛에 대한 예민도(sensitivity)는 관능검사에서 주어진 자극(stimulus)에 대한 최소농도로 나타낼 수 있다.

한계값의 종류(Meilgaard, 1991)

- 절대한계값 – Absolute threshold, threshold of sensation, detection threshold, stimulus threshold, 절대 역치 : 맛의 차이가 감지될 수 있는 최소 농도 또는 크기.
- 감지한계값 – Recognition threshold, identification threshold, teste threshold, threshold, 감지 역치 : 주어진 자극이 어떤 자극인지 확실히 인식할 수 있는 최소 농도(ex. NaCl 용액을 주면 짠맛으로 인지되는 최소 농도).
- 감별한계값 – Difference threshold, just- noticeable difference, 차이역치 : 감각의 변화를 보여줄 수 있는 최소한의 농도(Hainer, 1954 ; Laing, 1987).
- Terminal threshold(TL) : 주어진 자극이 강하여 그 이상의 변화를 더 이상 느낄 수 없을 때의 최소 농도.

맛을 느끼는 정도는 개인에 따라 다르다. 즉 어떤 물질의 맛을 느끼는 최소 농도가 다를 뿐만 아니라 농도 차이에 대한 맛을 느끼는 최소 농도가 다르다. 농도 차이에 의해 느껴지는 맛의 강도 차이는 관능검사 평가에 영향을 준다. 그러므로 맛에 대한 예민도가 지극히 높거나 낮은 사람은 패널요원에서 제외시키는 것이 좋다.

5 맛과 냄새의 둔화현상 및 회복

　맛을 계속 보거나 냄새를 계속 맡게 되면 둔화된다고 알려져 있다. 그러나 실제로 둔화현상을 조사한 연구결과 완전한 둔화현상이 일어나는 비율은 크지 않고 단지 맛의 강도가 감소하는 것으로 조사되었다(Lawless, 1984 ; O' Mahony, 1986 ; Meilgard, 1991). 또 소금과 물을 계속해서 시간 간격을 두면서 번갈아 가며 맛보게 했을 때 짠맛이 더 강해지는 현상을 발견하였다. 이 연구 결과는 천천히 음료를 마실 때는 특정한 맛을 더 느낄 수 있다는 것을 뒷받침해준다.

　맛의 둔화현상과 반대인 강화현상은 특정한 맛에 둔화된 상태에서 다른 자극을 받게 되면 원래의 맛보다 강하게 느껴지는 것을 말하며, 이런 현상을 맛의 상호 강화 현상이라고 한다. 네 가지 기본맛에 대한 둔화 현상은 각각 다르게 나타났는데, 예를 들면 짠맛의 경우 한가지 염에 대한 둔화가 다른 염에 대한 강도에 영향을 주지 않는다. 그러나 신맛은 한가지 특정 신맛에 적응이 되면 다른 산에 대한 감도가 감소되고 단맛은 짠맛·신맛과 달리 일정한 반응을 나타내지 않았다. 즉 두 가지 단맛이 상승효과를 가져오기도 하고 감소 효과를 주기도 한다. 또한 쓴맛은 다른 3가지 맛보다 입안에 오래 남는다(Abrahams, 1937 ; Hahn, 1933).

　맛의 회복 속도는 일반적으로 신맛이 가장 빠른데, 이는 대부분의 산은 용해도가 높아 쉽게 입안에서 제거되기 때문이다. 단맛의 경우 둔화된 후의 회복속도는 감미료 종류에 따라 상당히 다르고, 쓴맛의 경우는 그 성분이 대부분 alkaloids로 피부와 친화력이 높아 입안에서 오랫동안 남아 있기 때문에 회복속도가 일반적으로 늦다.

　한편 냄새는 맛에 비하여 한계값이 약 10,000배나 낮은 농도에서도 인지를 할 수 있는 반면 둔화현상은 빠르게 나타나고 회복 속도는 상대적으로 늦다. 특히 냄새는 냄새를 맡는 동안 그 냄새의 본질이 변화하는 현상이 있을 수 있는데, 즉 처음에는 아몬드 냄새라고 느꼈던 것이 계속 맡으면 복숭아 냄새라고 느끼는 경우가 있다(Geldard, 1953 ; Stuiver, 1958 ; Mullins, 1965).

제 3 장

관능검사실의 설비 및 시료제시 방법

관능검사 업무를 수행하는 회사나 연구기관은 관능검사를 위한 전용공간과 시설을 확보해야 하는데 대부분의 회사들은 관능검사를 위한 공간은 확보하고 있으나, 관능검사 업무를 원활히 수행하는데 필요한 시설과 조건들을 갖추고 있는 경우는 드물다.

1 관능검사실의 설비

일반적으로 관능검사용으로 필요한 공간은 10~50평 정도이며 검사수가 증가하고 관능검사 인력의 수가 증가함에 따라 더 많은 공간이 필요하게 된다.

표 3-1 관능검사 소요공간 예

면적(평)	칸막이 검사대수	전문 인력	패널 요원 수
10	5	1~2	100~200
17	6	2~3	200
20	6~8	4	300~400
28	8	5~6	400~500
>40	12	8~9	>500

표 3-2 관능검사 업무별 소요면적

관능검사실(검사대 6개)	6평
패널토론실	15평
패널요원 대기실	3평
준비실	8평
결과분석실 및 감독자사무실	7평

검사실(Booth area)

검사실의 위치는 모든 패널요원들이 쉽게 갈 수 있는 편리한 곳에 위치하여야 하고, 붐비지 않고, 조용하며, 특히 냄새가 없어야 한다. 검사실 내부는 패널요원 간에 방해가 되지 않도록 칸막이 검사대(booth)가 있어야 하는데, 칸막이 높이는 시각적 또는 청각적인 방해를 막을 수 있도록 충분히 높게 한다. 6~8개의 booth가 나란히 붙어 있으면 시료 준비실에서 한 번에 제시가 가능하며, 각 검사대에는 작은 개수대와 수도를 설치하여 검사 시 입안을 세척하는데 이용하게 한다. 또 준비실에서 직접 시료를 제시할 수 있는 투입구가 있으면 편리하나, 투입구가 없을 경우 준비실로부터 검사실로 시료 운반대가 지나다닐 수 있는 면적이 요구된다.

개인 검사대마다 패널요원이 직접 평가내용을 입력시킬 수 있는 컴퓨터 시설이 있으면 검사책임자의 노력과 시간을 감소시킬 수 있다. 검사대에 그림자가 지지 않도록 충분한 광선이 필요하고, 시료 간에 색이나 탁도의 차이가 있으면 색전등(빨강, 초록, 파랑 등)을 사용한다. 형광등 사용 시에는 booth당 보통 40~60W의 1~2개가 필요하고, 공기순환장치와 온도(20~25℃) 및 습도(50~60%) 유지장치를 마련한다. 이외에 건축재료의 선택은 청소하기 쉽고, 냄새가 없으며, 무늬가 거의 없는 재료로 사용하고(종이, 천 등의 벽지는 피함) 카펫은 절대 금지한다. 천정, 벽, 바닥은 냄새 없는 vinyl laminiate같은 재료를 사용한다. 출구와 입구가 구별되어 다음 검사자들과의 정보 교환 가능성을 감소시키는 것이 바람직하다.

묘사분석 및 패널 훈련실

패널요원 훈련 시, 또는 필요에 따라 의견을 모으기 위해 서로 의견을 교환할 수 있는 패널 토론실이 필요하며 round table 또는 table 중심에 작은 회전 쟁반이 있으면 편리하다. 방이 없는 경우 패널지도자의 사무실을 이용할 수 있다.

패널요원 대기실

시간 전에 도착한 패널요원이 평가 중에 있는 패널요원들을 방해하지 않고 기다리게 하는 공간이다.

준비실

재료를 저장하고 검사물을 준비할 수 있는 충분한 공간을 확보하고, 위생적인 상하수도 시설, 오븐, 냉장고, 준비대 등이 필요하며, 식기 등 기구보관 설비가 있어야 한다. 기구는 청소와 세척이 용이한 재질로 제작되어 있어야 하고 관능검사를 위한 초자기구들은 화학약품용과 분리해서 사용해야 한다. 또 냄새가 검사실에 유입되지 않도록 냄새제거를 위한 환기시설이 필요하며 검사실과 같은 조명시설이 있어 시료 제시 전에 시료를 미리 확인한다.

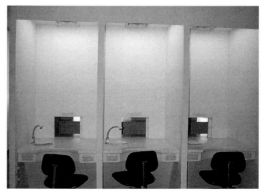

그림 3-1 관능검사실 및 칸막이 검사실의 예

결과분석 및 사무실

관능검사 감독자와 요원이 결과분석과 사무를 볼 수 있는 공간으로 컴퓨터, 프린터 등 자료분석을 수행할 기구와 사무용품을 설치해 놓는다. 검사실과 가까운 위치에 있으면 좋으나 전화, 프린터 등의 소음이 검사에 방해가 되지 않도록 유의해야 한다.

2　시료준비

시료 준비 시 조사하고자 하는 처리 이외에 다른 요인에 의해서 시료의 품질에 변화가 발생하지 않도록 세심한 주의가 요구된다. 즉 시료의 저장, 준비 및 제시용 용기 등은 유리, 사기, 스텐레스 스틸을 이용하며, 이외에 사용되는 기구나 용기도 냄새에 오염되지 않도록 주의해야 한다. 예를 들면 플라스틱 저장용기, 랩, 봉지 등에 의해 냄새가 오염되며 나무 도마나 그릇, 주걱 등에는 조미성분이나 기름기 있는 향미 물질이 흡수된다.

관능검사용 재료는 정확한 측정기구 및 기술을 사용하여 재현성이 있는 동일한 시료를 준비해야 하는데, 예비준비를 통하여 표준방법을 확립하고 동일한 품질의 시료를 마련한다. 예를 들면 일정량의 재료를 혼합하는데 걸리는 시간과 조리, 냉동식품의 해동 시간을 측정해야 한다. 또한 관능검사 방법에 따른 적합한 시료 준비방법이 필요한데, 차이식별검사인 경우는 차이를 잘 감지할 수 있는 방법을 고려해야 한다. 예를 들면 종류가 다른 지방을 사용하여 튀긴 라면에서 기름의 효과를 평가한다면, 다른 재료에 의한 영향을 막기 위해 조미료는 첨가하지 말아야 한다.

소비자 기호도 검사의 경우는 평상시와 동일한 방법을 사용하여 시료를 준비한다. 이외의 주의 사항은 강한 향미를 지니는 향신료는 평가 전에 희석하여 사용하고, 맛이나 냄새를 검사할 때 시료들의 텍스쳐가 다를 경우 그 영향을 없애기 위해 시료를 마쇄하거나 한 번에 한 시료씩 제시하여 질감의 차이를 감소시키며, 색이 다른 경우 검사실의 조명을 조절하여 색의 차이를 알 수 없도록 준비한다(O, Mchoney, 1986 ; McDaniel, 1990).

3 시료의 제시방법

시료에 관한 정보

관능검사하고자 하는 시료에 대한 자료는 패널요원들에게 최소한으로 알려주어야 한다. 지나치게 자세한 정보(원료의 차이, 저장기간, 수확시기, 타회사 제품과의 비교, 기존 제품과 신제품 등)는 관능검사 시 오차를 유발시킬 수 있기 때문이다. 그러므로 시료에 관해서는 제품의 어떤 특성을 평가하는지, 평가하는 요령은 무엇인지 등 검사에 필요한 사항만을 알려준다.

용기

흰색의 동일한 모양 및 크기를 가진 용기를 사용하고, 용기에 여러 가지 색이나 무늬, 글씨가 있는 것은 적절하지 않으며, 재질이 고급인 도자기 등은 평가에 영향을 준다. 그러므로 평범한 유리, 자기, 종이, 플라스틱 등을 사용하며 검사 시 동일한 용기를 사용해야 한다. 크기는 충분한 양을 담을 수 있어야 하며 맛과 냄새에 오염되지 않은 재질을 사용하고, 시료에 따라 쉽게 건조되거나 수분을 흡수하는 것은 밀봉하거나 뚜껑 있는 용기를 선택하여 사용한다. 반복사용이 가능한 용기는 세척제와 증류수로 깨끗이 세척하고 건조하여 보관한다.

시료의 크기, 양, 수

검사물을 대표할 수 있고 반복해서 맛볼 수 있도록 충분한 양과 갯수를 제시해야 한다. 텍스처 특성을 평가할 때는 시료의 크기가 영향을 주므로 크기는 동일해야 하며, 매번 제공되는 시료 역시 동일한 크기를 유지해야 한다. 예를 들어 차이식별검사에 사용되는 음료는 15~20ml, 고형식품의 경우는 15~20g, 쿠키는 1/6조각 3개씩, 빵이나 케이크류는 $2 \times 2 \times 2cm^3$ 정도의 크기로 시료당 2개를 제시한다. 소비자기호도 검사는 전반적으로 차이식별 검사의 두 배를 제공한다. 시료의 수는 감각의 둔화나 정신적인 피로를 일으키지 않는 범위에서 정하고, 시료의 종류, 검사물의 수, 패널요원의 경험과 훈련정도 등에 의해 수를 조절한다(ASTM, 1968).

온도 및 시간

시료의 온도는 일반적으로 상온(20~25℃)이 적절하며 특별한 경우는 일상 섭취하는 온도로 제시해야 한다. 예를 들면 국, 밥은 60~65℃, 아이스크림 −1~2℃, 식용유 45~50℃, 생선과 고기는 55~60℃로 일정한 온도로 제공한다. 검사가 반복 진행되어도 시료의 온도는 일정하게 제시되어야 하며 필요한 경우 보온용기, water bath, 냉장고, 항온기를 사용한다. 또 검사시간은 같게 해야 하는데, 검사시간은 식사와 식사 중간시간(오전 10 : 30경, 오후 3 : 30경)에 일반적으로 실시한다(Larmond, 1977).

기호(Coding)

편견을 유도하는 표시들, 예를 들면 알파벳(ABC), 숫자(1, 2, 3) 등은 택하지 않고, 의미가 없는 기호를 사용하는 것이 좋다. 일반적으로 무작위로 선택한 세 자리 숫자를 사용하는데 임의로 선택하기도 하나, 난수표를 이용하여 사용하기도 한다.

제시순서

검사물들을 균형되게 배치하거나 임의 순서로 배치한 후 제시하여 제시순서에 의한 오차 발생을 방지한다. 즉 강도가 큰 시료 다음의 시료는 그렇지 않은 경우에 비해 더 적은 값을 얻게 되는 대조오차와 시료간의 차이가 적을 때 삼점검사에서 3개 시료 중 한 개의 이질적인 시료를 선택하는 것이 아니라 가운데 검사물을 선택하려는 위치오차 등의 오류를 유발

표 3-3 시료의 제시순서

종류	제시방법
이점비교검사	① A−B ② B−A
일-이점검사	균형기준 ① R(A')−A−B ② R(A')−B−A ③ R(B')−A−B ④ R(B')−A−B 동일기준 ① R(A')−A−B ② R(A')−A−B
삼점검사	균형이질시료 ① A−B−A' ② A−A'−B ③ B−A−A' ④ B−A−B' ⑤ B−B'−A ⑥ A−B−B' 동일이질시료 ① A−B−A' ② A−A'−B ③ B−A−A'
순위검사	① A−B−C ② A−C−B ③ B−C−A ④ B−A−C ⑤ C−B−A ⑥ C−A−B 패널요원의 수를 6의 배수로 하여 모든 조합이 동일한 횟수로 제시

시키므로 이를 방지하기 위하여 완전 또는 불완전법으로 제시한다(MacFie, 1989). 제시순서에 의한 오차를 줄이기 위하여 맛보기 시료(warm-up sample)를 사용하기도 한다(Kim, 1987).

검사물 이외의 준비물

시료와 시료의 평가 사이에 서로 영향을 받지 않도록 실온의 무색, 무미, 무취의 입가심 물을 주로 제공하고, 기름기 많은 음식 평가 시에는 따뜻한 물이나 레몬즙을 넣은 물을 사용하며, 뒷맛이 남는 음식 평가 시에는 사과, 크래커, 식빵 등을 함께 제시한다.

관능검사 시 동반식품을 제시할 경우가 있는데 동반식품이란 어떤 식품을 섭취할 때 흔히 같이 곁들여 제시되는 식품으로 특성차이검사에서는 실험오차를 부가하므로 사용하지 않으나, 사용할 필요가 있을 경우 검사의 특성에 영향을 주지 않고, 동질의 품질을 유지할 수 있는 식품을 선택한다. 소비자 검사에서는 동반식품으로 평상시에 사용되는 식품을 사용한다. 예를 들면 김치와 밥, 떡고물과 떡, 피자와 핫소스 등이 있다.

질문지 작성

관능검사를 위한 질문지는 가능한 한 요약되어야 하고 필요한 사항만을 적어야 한다. 만일 질문내용이 너무 길거나 자세하면 읽는데 시간이 걸리고 혼돈하기 쉽다. 지나치게 친절한 문장도 필요 없다. 질문의 내용은 시료, 날짜, 성명과 검사요령을 요약하여 설명하고 평가항목이 많을 경우 별도의 질문지를 작성하여 관능검사를 별도로 실시하는 것이 좋다.

검사 시 주의사항

- 검사하고자 하는 시료에 대한 정보를 최소화시킨다.
- 검사에 직접 관련된 사람은 배제시킨다.
- 검사 전 향기가 없는 비누로 손을 씻도록 한다.
- 향이 강한 화장품, 입안 세척제 사용은 금지한다.
- 검사 30분 전에 껌이나 음식물 섭취, 흡연을 제한한다.
- 검사물의 평가요령 및 평가속도를 명확히 이해시키고 동일한 방법으로 각 시료를 평가하도록 한다.
- 모든 시료를 동일한 조건(온도, 크기, 형태, 양, 수)으로 제시한다.

제 4 장

패널요원의 선정과 훈련

관능검사에서 기호도나 품질 특성의 차이를 평가하고자 할 때에는 패널요원이 필요하며 일반 소비자의 기호도를 평가하는 것과 달리 차이식별검사를 할 때에는 합리적 과정에 의하여 패널요원을 선정하고 훈련시켜야 한다.

관능검사에서 패널(panel)이라는 용어는 관능검사를 할 수 있는 자격을 지닌 사람들의 집단을 말하며, 이때 패널의 구성원을 검사원 또는 패널요원(panelist, judge, panel member, subject), 패널을 통솔하는 사람을 패널지도자(panel leader)라고 한다.

효과적인 관능검사를 수행하기 위해서는 패널의 필요성을 인지한 경영자 층으로부터의 지지, 패널 후보자의 관심과 시간적 여유, 패널요원의 선발과 훈련, 패널 훈련을 할 수 있는 공간의 마련 등이 필요하며, 또 이들과 관련된 계획을 필요로 한다. 패널요원의 선정에는 많은 주의가 필요한데, 패널요원 선정은 잠재적인 관능요원의 평가일 뿐만 아니라, 훈련과정의 시작이라고도 할 수 있다. 패널요원의 선정은 개개인의 특성, 목적하는 관능검사 능력에 근거를 두고 이루어져야 한다. 일반적인 선정과정은 모집, 오리엔테이션, 선발, 훈련, 최종평가, 훈련된 패널요원의 확보라는 과정을 거쳐 선정된다.

1 패널의 분류

1) 훈련 유무에 따른 분류(Rainey, 1979)

- 소비자 패널 : 검사 제품의 사용자 혹은 잠재적 사용자이며 제품에 대한 기호도, 선호도 등을 검사한다.
- 무경험 패널 : 훈련경험이 전혀 없는 패널로서, 실험실에서의 기호도 및 선호도 검사에 사용한다.
- 유경험 패널 : 훈련된 패널로 단순 차이 검사에 사용한다.
- 훈련된 패널 : 고도로 훈련된 패널이라 불리기도 하며, 제품의 품질 특성의 종류 및 차이 정도와 관능적 특성을 자세히 묘사하는 묘사 검사 (descriptive analysis)에 사용된다.
- 전문 패널 : 경험을 통해 기억된 기준으로 각각의 특성을 평가하는 질적 검사를 하며, 제조과정 및 최종제품의 품질차이를 평가, 최종 품질의 적절성을 판정한다. 포도주 감정사, 유제품 전문가, 커피 전문가 등이 이에 속한다.

2) 검사 목적에 따른 분류(Kim, 1989)

관능검사는 크게 객관적인 검사와 주관적인 검사로 나눌 수 있는데, 객관적인 검사에는 품질관리 검사, 차이식별검사 및 묘사 검사가 있으며 주관적인 검사에는 소비자를 대상으로 하는 기호도 검사가 있다. 관능검사 패널은 검사의 목적에 따라 다음과 같이 분류할 수 있다.

품질관리 패널

차이식별 패널과 유사하나 고도의 훈련은 필요 없고 제품의 생산과정 중 원료에서 최종제품까지 품질의 적절성 여부를 판정한다. 주로 품질관리요원과 사무원 중에서 선별한다.

차이식별 패널

원료 및 제품의 품질검사, 저장시험, 원가절감 또는 공정개선 시험에서 제품간의 품질차이를 평가하는 패널로, 보통 10~20명으로 구성되어 있고 훈련된 패널이다.

특성 묘사 패널

신제품 개발 또는 기존제품의 품질 개선을 위하여 제품의 특성을 묘사하는데 사용되는 패널로서, 보통 고도의 훈련과 전문성을 겸비한 요원 6~12명으로 구성되어 있다.

기호도 조사 패널

소비자의 기호도 조사에 사용되며, 제품에 관한 전문적 지식이나 관능검사에 대한 훈련이 없는 다수의 요원으로 구성된다. 조사의 크기 면에서 보면 대형에서는 200~20,000명, 중형에서는 40~200명을 상대로 조사한다.

2 모집 및 선정 과정

패널요원 지원자는 세미나, 질문지, 개인면담 등을 통해서 모집할 수 있다. 모집하는 동안 패널요원 선정목적 및 중요성, 소요되는 시간, 관능검사 기간과 일반적인 절차, 훈련과정 등을 알려 주어야 한다. 패널요원으로는 회사 내 사원으로 구성된 패널요원과 외부인을 사용한 패널요원이 있고 선발시 일반적 유의사항과 선정 과정은 아래와 같다.

모집 기준

효과적인 패널요원의 선발 및 훈련을 위하여 질문지 혹은 개인 면담 등을 통해 패널요원 지원자에 대한 정보를 알고 있어야 한다. 알아야 할 필수적인 사항들로는 관능검사에 대한 흥미, 시간적 여유, 건강(당뇨병, 비만증, 저혈당증, 고혈압, 색맹, 미맹, 알러지 유무, 의치, 약물복용, 편식유무 등), 나이, 성별, 직업, 종교, 교육정도, 경력, 관능검사 경험여부, 흡연여부 등과 같은 자료들을 조사한다.

패널요원에 대한 일반적 유의 사항

관능검사 능력과 기술은 개인 간에 차이가 있을 수 있으므로 패널요원은 검사방법을 이해해야 하고, 패널요원에 따라 적절한 방법으로 선정해야 한다. 패널요원 선정을 위한 검사 기술은 자주 사용하지 않을 경우 잊혀지기 쉽고 과도한 검사는 차이식별 능력에 피로 현상을 주기 쉽다. 검사 참여는 자발적이어야 하고 사례가 있어야 하나 회사원일 경우 돈으로 사례하는 것은 금한다. 패널요원에 관한 자료의 비밀보장과 안전에 유의해야 하며, 패널요원의 검사 능력에 영향을 주지 않도록 환경관리가 필요하다.

선발방법

패널요원의 1차 선정은 위의 자료를 조사한 뒤 관능검사에 흥미와 협조의식을 갖고 있으며 관능검사 기간 중 시간적 여유가 있고 건강에 이상이 없으면서 특정 식품을 기피하지 않는 사람을 참작하여 필요한 인원의 2~3배 선정한다.

2차 선정은 정상적인 감각을 지니고 관능검사에 관심이 있으며, 품질특성의 차이식별능력과 재현 능력을 고려하여 선발한다.

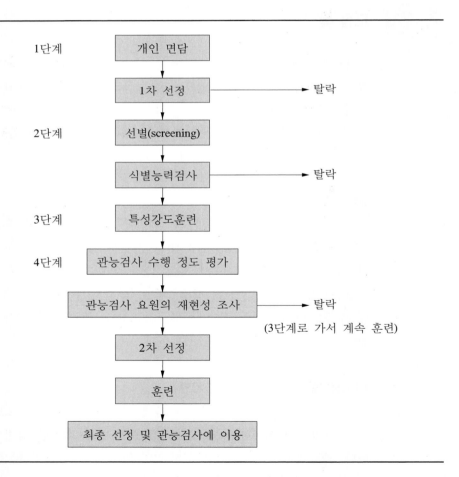

그림 4-1 패널요원의 선정과정

　2차 선발되는 패널요원의 수는 필요한 수의 2배 정도이고 본 검사에 사용될 제품과 적절한 검사방법으로 선발검사를 실시하는 것이 바람직하다. 또 패널 후보자가 반복해서 재현성 있게 평가할 수 있는지의 지속성을 확인하기 위하여 반복검사하며 그 방법은 삼점 검사와 sequential analysis를 이용한다. 2차 선정에서 선발된 후보자 중에서 관능검사요원으로서의 조건들이 충족된 패널요원을 최종적으로 선정하여 관능검사를 실시한다.

선발 검사

■ 삼점 검사 : 후보자들에게 3개의 시료(2개는 같고 1개는 다름)를 제시하여 전반적 품질 또는 어떤 특정한 성질에 대하여 다른 1개의 시료를 지적하게 한다. 관능적인 피로감이 문제가 되지 않는다면 1회에 2번의 삼점 검사를 하기도 하며, 가능하다면 한 사람이 최소 24번의 삼점 검사(4쌍을 6번 반복)를 치른 후에 보통 60% 이상의 정답률($P>0.05$)을 지닌 사람을 선정하는데, 검사의 난이도에 따라 선정기준이 달라질 수 있다(ASTM, 1981).
■ Sequential analysis : 평가 횟수를 줄이고 효율적으로 패널요원을 선발할 수 있는 방법으로 패널 요원의 합격과 불합격이 명확하다(Wald, 1947 ; Rao, 1950 ; Amerine, 1965).
　예) Two-out-of-five test, Duo-Trio test, 삼점 검사
　　α, β값은 패널 지도자에 의해 검사 전에 결정되며, 시도 횟수(number of trials)인 n값은 각 검사 결과의 평가에 의해 결정된다.

　α : 제1종의 오류, 채택되어야 할 패널이 기각될 가능성
　β : 제2종의 오류, 기각되어야 할 패널이 채택될 가능성

　P_0(maximum unacceptable ability)와 P_1(minimum acceptable ability)의 값은 관능검사 방법에 따라 다르다. 예를 들어 Duo-trio검사 시 $P_0=0.50$(null hypothesis p-value)이면 $P_1=0.70$이다. 정해진 α, β, P_0, P_1값을 아래의 공식에 대입하여 계산하면 L_0와 L_1의 직선관계식을 구할 수 있다.

　　i) $k_1=\log(P_1/P_0)=\log P_1-\log P_0$
　　　$k_2=\log[(1-P_0)/(1-P_1)]=\log(1-P_0)-\log(1-P_1)$
　　　$e_1=\log[(1-\beta)/\alpha]=\log(1-\beta)-\log\alpha$
　　　$e_2=\log[(1-\alpha)/\beta]=\log(1-\alpha)-\log\beta$

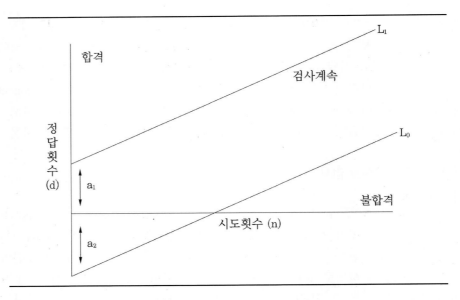

그림 4-2 Sequential test 예

ii) $b = k_2/(k_1 + k_2)$

  $a_o = -e_1/(k_1 + k_2)$

  $a_1 = e_2/(k_1 + k_2)$

iii) $L_o : d_o = a_o + b_n$ and $L_1 : d_1 = a_1 + b_n$

<그림 4-2>에서 x축은 시도횟수(number of trials, n), y축은 정답횟수 (number of correct decisions, d)이며 합격 부분에 해당하는 후보자는 패널요원으로 선정되고 L_1과 L_0 사이의 후보자는 합격 또는 불합격이 결정될 때까지 계속 검사를 받을 수 있다.

예) $P_0 = 0.45$, $P_1 = 0.70$, $\alpha = 0.10$, $\beta = 0.05$(삼점 검사일 경우)으로 값이 주어졌을 때, 공식에 대입하여 차례대로 계산하면 두 개의 직선식을 구할 수 있다.

i) $P_o = 0.45$, $P_1 = 0.70$, $\alpha = 0.10$, and $\beta = 0.05$

ii) $\kappa_1 = \log(0.70/0.45) = 0.1919$

  $\kappa_2 = \log(0.55/0.30) = 0.2632$

  $e_1 = \log(0.95/0.10) = 0.9777$

  $e_2 = \log(0.90/0.05) = 1.2553$

iii) b=0.2632/0.4551=0.578

$a_o=-0.9777/0.4551=-2.15$

$a_1=1.2553/0.4551=2.76$

iv) $L_o : d_o=-2.15+0.578n$

$L_1 : d_1=2.76+0.578n$

후보자 A, B를 검사 수행시킨 결과는 아래의 table과 같다.
(옳은 답일 경우는 1, 틀린 답일 경우는 0)

시도횟수	η:	1	2	3	4	5	6	7	8	9	10	11	12	13	14	15	16	17	18	19
판정	A:	1	0	1	0	0	0	1	0	1	1	0	0	0						
	B:	1	1	1	0	1	0	0	1	1	1	0	1	1	1	0	1	1	1	1
정답횟수	A:	1	1	2	2	2	2	3	3	4	5	5	5	5	5					
	B:	1	2	3	3	4	4	4	5	6	7	7	8	9	10	10	11	12	13	14

각각의 누적된 점수를 위에서 얻은 직선식 그래프에 표식하면 다음과 같다.

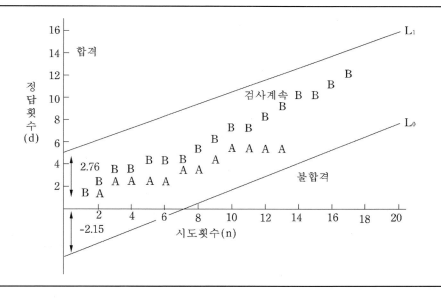

그림 4-3 Sequential test 결과

결론적으로 후보자 A는 시험결과 기각되며 B는 19번의 시험결과 합격된다.

3 선발 및 훈련

1) 차이식별검사를 위한 선발(Meilgaard, 1987)

선발

■ 짝짓기 검사(Matching test) : 여러 시료간의 차이를 분별하는 후보자의 능력 시험 방법으로 먼저 4~6개의 미지의 시료를 제시하여 익숙하게 한 다음 처음 것과 같은 시료를 포함한 8~10개의 일련번호를 가진 시료를 제시하여 첫 번째와 같은 시료가 들어 있는지 여부를 묻고 일치하는 번호를 적게 하는 방법이다. 이때 시료의 특성이 너무 강하면 판단에 영향(carry over effect)을 끼치므로 적당한 농도로 조정하는 것이 필요하다. 짝짓기 검사(matching test)에서 정답률이 75% 이하이거나 올바른 묘사를 선택한 비율이 60% 이하인 관능 검사 요원은 탈락시킨다.

표 4-1 짝짓기 검사에 사용되는 시료

맛	대표적 물질	농도(g/L)
단맛	설탕	20
신맛	주석산	0.5
쓴맛	카페인	1
짠맛	소금	2.0
떫은맛	명반	1

■ 차이검사(Detection / Discrimination test) : 가공조건의 조정, 원료의 대체, 첨가물의 사용 또는 저장기간 등에 의하여 일어나는 품질의 차이 유무를 식별하게 하는 검사로 삼점 검사 또는 일-이점 검사로 패널요원을 선발한다. 이때 감지할 수 있는 향미의 낮은 농도를 결정하여 쉬운 것부터 검사를 실시한다.

  i) 삼점 검사 : 쉬운 삼점 검사의 경우 정답률 60% 이하, 3배의 농도 차이를 검사하는 난이도가 중간 정도인 삼점 검사의 경우 40% 이하는 탈락시킨다.

  ii) 일-이점 검사 : 쉬운 검사는 75% 이하, 중간정도의 난이도 검사는 60% 이하의 정답률은 탈락시킨다.

표 4-2 차이검사에 사용되는 시료(Meilgaard, 1987)

시료	농도	
	시료 1	시료 2
카페인	0.2	0.4
주석산	0.4	0.8
설 탕	7.0	14.0
δ-decalactone	0.002	0.004

■ 순위 정하기 및 강도의 측정 : 여러 농도별로 시료를 주어 그 차이를 식별
  하는 능력을 평가하는 방법으로 농도가 낮은 것부터 순위를 기입하게
  하거나 강도(intensity)의 정도를 표현하게 한다.

ⅰ) 순위법 : 올바른 순위나 농도별 차이가 거의 없는 시료를 표기한
   경우 선발한다.
ⅱ) 평점법 : 순위법과 같은 기준을 적용하여, 가능한 시료의 자극
   정도를 넓은 범위에 걸쳐 표시하였을 때 선발한다.

표 4-3 순위법과 평점법에 사용되는 시료(Meilgaard, 1987)

	시료	시료의 농도			
신맛	구연산/물	0.25	0.5	1.0	1.5(g/L)
단맛	설탕/물	10.0	20.0	50.0	100(g/L)
쓴맛	카페인/물	0.3	0.6	1.3	2.6(g/L)
짠맛	소금/물	1.0	2.0	5.0	10.0(g/L)
향기					
알코올	3-methylbutanol	10	30	80	180(mg/L)
텍스쳐					
경도	Cream cheese, American cheese, peanut, carrot slice				
부서짐성	Cream muffin, Graham cracker, Finn crisp bread Life Saver				

훈련

　훈련 전에 향수 사용이나 30분전 음식섭취나 흡연을 자제하며 냄새나 맛, 텍스쳐 측정요령을 익히도록 한다. 또한 관능검사 방법과 특성의 묘사를 충분히 이해하도록 한다.

2) 묘사 분석을 위한 선발

　묘사 분석에는 향미 프로필(flavor profile analysis : FPA), 텍스쳐 프로필(texture profile analysis : QDA), 정량적 묘사 분석(quantitative descriptive analysis : QDA) 등이 있으며, 이 때 사용되는 패널요원 등은 각 분석 방법에 적합하게 선발되고 훈련되어야 한다.

선발

　묘사 분석을 위한 패널요원은 냄새, 맛, 텍스쳐(입안 또는 피부촉감) 등 주어진 시료 특징의 차이 또는 그 농도를 구별하는 능력을 조사하여 선발한다. 또한 관능적 특성을 용어로 묘사하고 강도의 차이정도를 판단할 수 있는지 여부와 다른 식품에서 같은 특성을 찾을 수 있는 추리능력을 검토한다.

- 예비 설문지 : 40~50명의 지원자 중에서 향미, 텍스쳐에 대한 능력을 설문지를 통하여 15명 선발한다.
- 정확도 감지와 묘사검사 : 감각에 이상을 가져오는 질병이 없어야 하고 언어 표현 질문에 80% 이상 정확한 답변을 해야 한다.
  시료간의 차이를 감지(detection)하는 능력의 평가는 삼점법에서 50~60% 정답자, 일-이점법에서 70~80% 정답자를 선정한다.
  명확한 특징을 가진 일련의 제품을 제시한 후 주어진 쉬운 용어를 참고 하여 80% 이상 정확하게 묘사(description)할 수 있어야 한다.
- 순위/평점 검사 : 예비검사나 정확도 검사를 통과한 지원자는 본 시료로 농도를 변화시켜 순위(ranking)와 평점(rating) 능력 검사를 위한 관능검사를 실시하고, 80% 이상의 정답자를 선정한다.

훈련

　묘사 분석을 위한 패널요원의 훈련은 검사방법과 각 특성의 묘사, 강도의 크기를 이해시키고 검사요령을 훈련시킨다. 일반적인 훈련시간은 40~120시간이나 복합적인 제품(분말시료, 식사대용 혼합곡류, wine, beer, coffee)과 첨가물의 수 결정, 품질관리(Quality control)나 저장성 조사를 위한 경우 더 많은 시간이 요구된다.

■ 관능 용어의 개발 및 표시 : 패널지도자는 많은 시료를 준비하여 제품의 관능적 특성의 용어와 강도 그리고 첨가물의 영향을 인식하게 한다. 또한 제품의 관능적 성질에 영향을 미치는 화학적 요소와 물리적 특성을 소개한다.

■ 초기 실습 : 일단 패널이 각 척도의 사용을 이해하고 용어에 대한 자신감을 가지면 정량, 정성적으로 차이가 많은 시료를 사용하여 평가한다.

■ 중기 실습 : 초기 실습보다는 특성강도차이가 적은 시료에 대한 평가를 한다. 같은 시료에 대한 차이를 줄이면서 반복 평가를 한다.

■ 최종 실습 : 실제 유통되는 제품을 대상으로 실시한다.

3) 품질관리를 위한 선발

품질관리(Quality control, QC)에서의 관능검사는 공장에서 제조한 최종제품의 품질이 기획 품질 또는 표준품질에 얼마나 접근해 있는지를 판정하는 것을 목적으로 한다. 따라서 최종제품은 물론 원료와 제조과정 중의 품질확인 등 품질관리 전반(total quality management, TQM)에 관여하여 문제 해결에도 기여한다.

식품 공장에서의 품질관리 관능검사는 i) 경제적인 시료의 채취와 검사방법을 설정하고 ii) 평가하려 하는 제품의 주요 품질특성의 용어가 명확하고 패널요원이 잘 이해할 수 있는 성질이어야 하며, iii) 관능검사가 QC 과정의 일부로써 QC 보고서에 포함될 수 있어야 한다.

일반적으로 품질관리 관능검사는 제조 선상에서의 검사(on line evaluation)를 1차적으로 시행하게 되는데 검사원 1명 또는 2, 3명이 주요 품질 특성의 기준에 준하여 합격/불합격을 판정하며 불합격은 출고를 보류시킨다. '보류'된 제품은 2차적으로 보다 많은 수의 관능 검사원에 의하여 세밀한 관능검사를 받게 되고 결과에 따라 최종적으로 해당 제품의 판매 가능 여부와 재가공 또는 폐기 결정을 하게 된다.

선발

QC 관능검사의 기획은 공장 규모와 제조과정의 복잡성 그리고 제품의 종류와 수에 따라 다르다. 대규모 공장은 작업 시간별(주간 작업, 야간 작업)로 관능검사 관리자와 검사원을 구성하며 소규모 공장은 관리직과 QC 요원 중 일부를 관여시켜 경비를 절약한다. 또한 제품의 특성(조리의 필요성 여부, 제조 후 섭취시까지의 시간 등)에 따른 검사 조건과 시설이 필요하다.

패널요원 선발은 공장 내 회사원과 공장 밖의 일반인으로 구별할 수 있다. 공장요원을 사용할 경우의 장점은 시간조정의 유연성이 있고 근무의 일부라는 인식을 부여한다. 또 공장요원은 임무교대가 쉬우므로 훈련시켜 사용할 수 있으며 제품 품질의 이해가 빠르고 전체적인 품질관리에도 도움이 된다. QC 책임자와 관능검사 책임자는 배제하는 것이 좋으나 훈련되었을 경우 문제된 원료와 최종제품의 출하여부에 관여할 수 있다.

한편 일반인을 선발하여 사용할 경우는 공장 규모가 크거나 검사량이 많아 공장요원만으로는 충족이 어려울 때 또는 관능검사 시설이 공장 밖에 있을 때 일반인 선발이 필요하다. 장점으로는 공정과정과 원료 등 제품에 관한 자료의 영향을 받지 않으며 제품에 대한 편견이 없어 공장요원 사용보다 유리하다.

선발기준

묘사 분석 검사와 같이 맛, 냄새에 대한 민감도, 한계값 등에 대한 예비 검사는 필요 없고 보통사람 중에서 선별한다. 또한 검사에 대한 관심도, 협조의식, 시간의 여유가 가장 중요하다. 처음 참여하는 패널요원은 품질특성에 대한 인식과 차이식별능력, 자신감 등을 훈련받은 후 품질관리에 사용한다.

훈련

엄정한 선발과 훈련이 필요한 묘사 분석과 차이식별 검사의 경우와는 달리 훈련내용은 표준품질에의 근접도, 향미의 강도, 합격여부를 판정할 수 있는 훈련을 받는다. 훈련해야할 항목은 목적한 제품의 주요 품질특성의 강도와 이상한 품질, 검사 항목 및 특성 용어에 대하여 인식하고, 타 회사의 같은 제품 또는 유사제품과 비교한다. 검사 후의 결단이 부족한 패널요원은 자신감을 갖도록 훈련한다.

품질검사 패널요원은 한번에 많은 사람을 선별하는 것보다 적은 수의 패널요원을 지속적으로 보충하는 것이 검사의 일관성을 유지하는데 유리하며 검사실은 일반 관능검사 설비 기준에 준한다. 이러한 장소와 시설이 어려운 소규모 공장에서는 품질관리 사무실이나 회의실 일부를 활용할 수 있다.

결과의 정리

QC의 결과 정리는 문제점이 있을 경우 즉시 시정조치를 할 수 있는 보고서라야 하며 내용은 패널요원, 시료, 날짜와 시간, 결과 등이 표나 간단한 그림으로 정리되어 있어야 한다. 결과는 평균값, 표준편차, 경향 등을 쉽게 이해할 수 있도록 표시한다.

예제 다음 결과는 한달 간 제품의 품질을 10점법으로 검사한 결과로 1은 전혀 다름, 10은 완전 무결하게 같음이고 7~10은 합격범위, 5~7은 보류, 5이하는 불합격으로 처리한 결과이다.

표 4-4 품질관리 평가 결과

패널요원	기 간(주일)			
	1주	2주	3주	4주
1	8	9	6	7
2	8	7	7	6
3	9	7	7	5
4	8	7	6	7
5	8	7	6	7
6	8	8	6	7
평균	8.2	7.5	6.3	6.5
표준편차	0.4	0.8	0.5	0.8

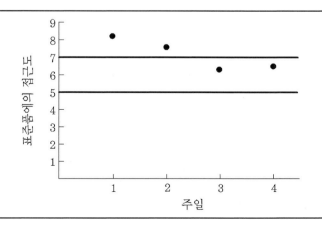

그림 4-4 표 4-4의 품질평가 결과

그림과 표에서 그림이 더 이해하기 쉽고, 각 범위와 표준편차를 기간별로 보여 준다.

예제 다음 결과는 어떤 제품의 향기강도를 10점법으로 검사한 결과로 가장 적절한 강도를 4로 하고 상한선과 하한선을 각각 6과 2로 정한 것이다. 상한선과 하한선은 너무 강함과 너무 약함을 패널요원들에게 물어 통계적으로 계산한 것이다.

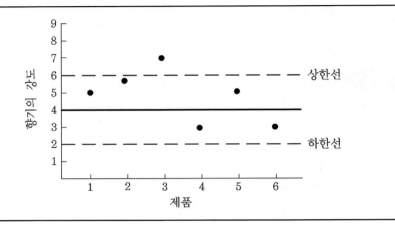

그림 4-5 품질관리 평가의 결과

제 5 장

관능적 특성의 정량적 평가방법

　　관능적 특성의 강한 정도를 수량적으로 표시하기는 대단히 어렵다. 그 이유는 특성의 강하고 약함을 숫자로 정하기 힘들고 제품의 종류에 따라 각 특성의 강도(intensity)차이의 범위가 다르기 때문이다. 예를 들면 연함, 단단함의 차이에서 묵과 과자류의 범위가 다르고, 짠맛의 경우 국과 찌개의 짠맛 개념이 다르다. 그러므로 이들 품질의 특성을 수량적으로 평가하고자 할 때 특성 묘사(용어)를 충분히 이해시킨 뒤 대단히 강한 것과 대단히 약한 것의 범위를 우선적으로 설정하고 이를 훈련시켜야 한다 (Meilgaard, 1991).

　　관능검사에 사용되는 정량적 평가 방법은 크게 4가지로 나눌 수 있다.

○ 분류(classification) : 용어의 표준화가 되어 있지 않고 평가 대상인 식품의 특성을 지적하는 방법. 훈련되지 않은 패널요원이 좋고 나쁜 정도만으로 분류하는 방법(예 : 사과를 빨간색, 녹색, 노란색으로 분류).
○ 등급(grading) : 고도로 숙련된 등급 판단자(grader)가 4~5단계(등급)로 제품을 평가하는 방법(예 : 커피, 차, 향신료, 버터, 고기 등을 등급화).

o 순위(ranking) : 3개 이상 시료의 독특한 특성 강도를 순서대로 배열하는
   방법으로 결과는 X^2 test나 Fredman's test로 유의성 검정을 하는 방법.
o 척도(scaling) : 차이식별 검사와 묘사 분석에서 가장 많이 사용하는 방
   법으로 크게 구획척도(structured scale)와 비구획척도(unstructured scale)
   로 나누어지며 항목 척도, 직선 척도, 크기 추정척도 등 3가지가 있다.

표 5-1 구획척도의 예

점수	7점법	점수	9점법
	단어구획척도(강도)		단어구획척도(강도)
1	대단히 약함(very slight)	1	지극히 약함(extremely slight)
2	보통 약함(slight)	2	많이 약함(very slight)
3	약간 약함(slight-moderate)	3	약함(slight)
4	보통(moderate)	4	약간 약함(slight-moderate)
5	약간 강함(moderate-strong)	5	보통(moderate)
6	보통 강함(strong)	6	약간 강함(moderate-strong)
7	대단히 강함(very strong)	7	강함(strong)
		8	많이 강함(very strong)
		9	지극히 강함(extremely strong)

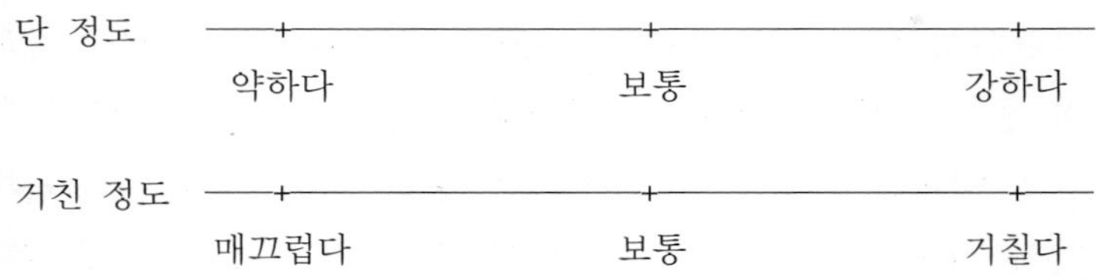

단 정도 ——+————————+————————+——
　　　　　약하다　　　　　보통　　　　　강하다

거친 정도 ——+————————+————————+——
　　　　　매끄럽다　　　　보통　　　　　거칠다

그림 5-1 비구획척도 예

1 항목 척도(Category scale)

　숫자나 설명으로 그 한계를 정하고 각 항목 간 차이는 동일한 간격을
유지하는 방법이다. 각 특성의 강도는 숫자(1~7, 1~9)와 기호를 많이 사
용하는데 시료를 평가한 후 항목 또는 숫자를 선택하게 하는 방법이다.
필요할 경우 각 항목에 해당하는 표준 시료를 제시하여 숙달하게 할 수

도 있다. 이 방법에는 숫자 간 중간 느낌을 나타내기 어려운 것이 단점으로 되어 있다.

표 5-2 항목척도

점수	용어 정박점	점수	용어 정박점
0	없음	0	없음
)(	한계값	)(	한계값
1/2	대단히 약한	)(-1	
1	약한	)(-1	한계값 – 없음
1 1/2	약한 – 보통	)(-<u>1</u>	
2	보통	1	약한
2 1/2	보통 – 강한	<u>1</u>-2	
3	강한	1-2	약한 – 보통
		1-<u>2</u>	
		2	보통
		<u>2</u>-3	
		2-3	보통-강한
		2-<u>3</u>	
		3	강한

2 선척도(Line scale 또는 liner interval scale)

일정거리의 직선상(15cm, 양끝에서 1.25cm 들어온 곳에 한계점 표시)에 느끼는 강도의 정도로 표시하게 할 수 있으며 이 경우 왼쪽 끝으로부터 표시된 지점까지의 거리를 점수로 환산하여 통계분석에 사용한다. 이 방법은 항목척도의 단점인 항목숫자간의 강도를 표시할 수 있으며 좋아하는 숫자나 싫어하는 숫자개념을 없앨 수 있다. 그러나 숫자가 표시되어 있지 않아 강도의 느낌을 분류하거나 기억하기 힘든 단점이 있다.

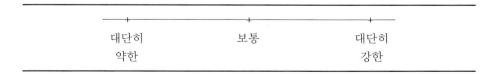

대단히 약한	보통	대단히 강한

그림 5-2 선척도의 예

3 크기추정 척도(Magnitude estimation)

표준시료의 특성 강도를 일정한 숫자로 지정하고 다음 시료들의 느끼는 강도를 표준숫자에 비례하게 하는 방법으로 시료간의 강도 차이를 '~배 강하다', '~배 약하다'로 평가하게 하는 것이다. 이 방법은 강도의 비례에 대한 개념을 갖도록 훈련을 충분히 시켜야 하는 어려운 점이 있다(5, 10, 20, 40, 60 등).

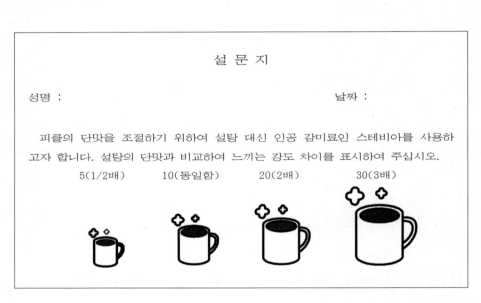

그림 5-3 크기추정 척도의 예

제 6 장

차이식별 검사

차이식별 검사는 식품시료간의 관능적 차이를 분석하는 방법으로 관능검사 중 가장 많이 사용되는 검사이다. 일반적으로 훈련된 패널요원(trained panelists)에 의하여 잘 설계된 관능평가실에서 세심한 주의를 기울여 실시되어야 한다.

차이식별 검사는 i) 신제품의 개발, ii) 제품 품질의 개선, iii) 제조공정의 개선 및 최적 가공조건의 설정, iv) 원료 종류의 선택, v) 저장 중 변화와 최적 저장 조건의 설정, vi) 식품 첨가물의 종류 및 첨가량 설정 등에 이용할 수 있다. 이 검사는 크게 시료간의 전체적인 차이 유무를 조사하는 종합적 차이 검사(overall difference test)와 주어진 특성에 대한 차이만을 조사하는 특성 차이 검사(attribute difference test)로 나눌 수 있다.

1 종합적 차이 검사

종합적 차이 검사는 전체적 관능 특성의 차이유무를 판별하고자 하는 검사로 표준 또는 기준시료(reference sample)와 비교하게 한다. 이때 사용하는 방법은 단순 차이 검사(simple difference test), 일-이점 검사(duo-trio test), 삼점 검사(triangle test)가 주로 사용되며 이외에 단일 시료검사(single sample test, A or not-a test), 다섯 중 둘 선택 검사(two-out-of-five test)가 있다.

1) 단순 차이 검사(Simple difference test)

단순 차이 검사는 이점 대비법(simple paired comparison)이라고도 한다. 이 방법은 한 패널요원이 여러 번 반복 비교할 경우나 비교적 많은 패널요원들이 검사하게 할 경우 사용한다. 두 개의 시료(A시료와 B시료)를 동일 시료 쌍(match pairs : AA 또는 BB)과 이질 시료 쌍(difference pairs : AB 또는 BA) 4가지를 같은 수량씩 준비하여 제공한다. 패널요원은 일반적으로 훈련된 사람으로 20~50명 정도가 적당하나, 평가방법이 단순하기 때문에 많은 수의 비훈련인을 반복검사 없이 사용하기도 한다. 확률은 50%이고, x^2 검정(표 I)으로 계산하거나 기존에 작성된 Roessler의 통계분석표(표 II)에 의해 통계적 유의성을 계산한다. 통계표에서는 양측검정(two-tailed test)을 사용한다. 또한 차이가 있다고 할 경우 차이의 정도나 특성은 '기타의견'에서 언급할 수 있다.

예제 양념류를 제조하는 식품회사에서 시판되고 있는 불고기 양념의 유통기간 연장을 위하여 일정 기간 저장시킨 양념과 제조직후 양념간의 맛에 차이가 있는지 조사하고자 30명의 패널요원으로 관능검사를 실시하였다. 이 때 사용한 관능검사 방법은 불고기 양념의 향미가 강하고 입안에 비교적 오래 남기 때문에 단순 차이 검사를 선택하여 실시하였다.

진행단계
① 관능검사요원 모집 및 관능검사에 필요한 준비를 한다(15명, 시료, 용기 등).
② 설문지를 작성한다.
③ 각 패널요원들에게 신선한 불고기 양념과 저장시킨 양념을 동일한 시료 조합(A-A 또는 B-B)과 이질 시료 조합(A-B 또는 B-A)을 두 번 제시하여 총 60개의 답을 얻는다.

이름 :　　　　　　　　　　　　번호 :　　　　　　　　　날짜 :

　　앞에 놓여진 2개의 시료를 왼쪽 것부터 맛보시고, 2개의 시료가 같은지, 다른지 평가하여 아래에 표시(∨)하여 주십시오.

　　　　　　　　시료가 같다　　　　　　　(　　　　)
　　　　　　　　시료가 다르다　　　　　　(　　　　)

기타의견 :

그림 6-1 단순 차이 검사의 질문지

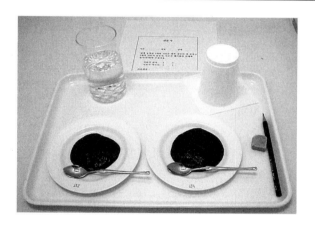

그림 6-2 단순 차이 검사 시료 제시

④ 결과 분석

응답내용	동일쌍 (A−A, B−B)	이질쌍 (A−B, B−A)	합
같다	18	8	26
다르다	12	22	34
합	30	30	60

$x^2 = \sum(0-E)^2 / E$ (0 : 응답수, E : 기대값)

'같다'의 경우 $E = 26 \times 30/60 = 13$

'다르다'의 경우 $E = 34 \times 30/60 = 17$

$$x^2 = (18-13)^2/13 + (8-13)^2/13 + (12-17)^2/17 + (22\text{-}17)^2/17 = 6.78$$

이 수치는 자유도(df=1), 확률(α=0.05)의 X^2값(x^2=3.84)보다 높으므로 두 시료 간에는 통계적으로 유의한 차이가 있어 유통기간 연장처리를 한 불고기 양념과 제조 직후의 양념이 차이가 있음을 알 수 있었다(표 I). 그러므로 시판품과 동일하면서도 유통기간을 연장시키는 처리방법의 수정이 필요하다.

또는 60번의 응답중 정답이 40번(18+22)이므로 Roessler의 '이점검사유의성' 검정표의 양측 검정(표 II)에 의하여도 정답이 39보다 크므로 통계적으로 유의적 차이(5%)가 있음을 쉽게 알 수 있다.

2) 일−이점 검사(Duo-Trio Test)

일−이점 검사는 세 개의 시료 중 기준시료(reference sample, R)를 지정하여 먼저 기준시료(R)를 맛보게 한 다음, 나머지 두 개의 시료 중 어느 시료가 기준시료와 다른지 지적하게 하는 검사로 정답확률은 50%이다. 기준시료와 대조시료의 특성이 다르기는 하지만 명확히 어떤 특성이 다른지 모를 경우나 전체적 차이를 평가할 때 사용한다.

일−이점 검사에는 두 가지 형태가 있는데, 즉 기준시료 사용을 동일 기준시료와 균형 기준시료로 나누어 제시하는 방법에 의해 달라질 수가 있다. 전자의 경우에는 잘 알려진 제품이 계속 기준시료가 되는 경우(A−AB, A−BA)이며 후자는 두 가지 시료를 기준시료로 사용하는 경우(A−AB, A−BA, B−AB, B−BA)이다.

패널요원은 훈련된 경우에는 최소한 10명 이상으로 반복 평가를 할 수 있으며 비훈련인인 경우에는 적어도 24명 이상으로 반복 평가는 일반적으로 하지 않는다.

예제 음료 회사에서 당근 주스를 새로 개발하여 시판하고자 한다. 소비자들은 당근 주스에 적당량의 소금을 첨가하여야만 그 맛이 향상된다고 하여 회사측은 소금을 0.1% 소량 첨가하려고 한다. 소금의 적정 첨가정도를 조사하기 위하여 소금을 넣지 않은 당근 주스와 0.1%의 소금을 넣은 당근 주스의 차이 유무를 조사하였다. 이때 관능평가원은 훈련된 10명의 요원으로 2번 반복하여 평가하였다.

진행과정

① 관능검사 요원 모집과 시료 준비를 한다(10명, 기준시료는 소금을 첨
  가하지 않은 당근 주스로 하고 다른 한 개는 소금 0.1%를 첨가한 주
  스를 준비).

② 설문지 작성 및 시료 제시를 한다.

이름 :   번호 :   날짜 :

R로 표시된 것은 기준시료입니다.

먼저 R(기준시료)을 맛본 후 나머지 두 시료를 평가하여 R과 같은 시료를 선택
하여 그 시료에 표시(∨)하여 주십시오.

                352 (   )   647 (   )

기타의견 :

그림 6-3 일-이점 검사의 질문지

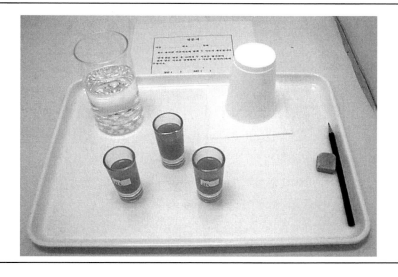

그림 6-4 일-이점 검사의 시료제시

③ 관능검사 실시(R-AB, R-BA 순서로 실시)는 10명의 패널요원이 이틀에 걸쳐 2번 반복 평가한다.

    R: 소금을 넣지 않은 당근 주스

    352 : 소금을 넣지 않은 당근 주스(R)

    647 : 소금을 넣은 당근 주스

④ 결과

    P = 패널요원

    R = 정답, X = 틀린 답

패널요원	1회		2회	
	A－AB	A－BA	A－AB	A－BA
P1	R	X	R	R
P2	R	R	R	R
P3	R	R	R	R
P4	R	R	R	R
P5	X	X	X	X
P6	R	R	R	R
P7	X	R	X	X
P8	R	R	R	R
P9	R	X	R	R
P10	X	X	X	R
합(정답)	7	6	7	8

결과분석은 Roessler 등이 제안한 이점 검사의 유의성 검정표(부록 II의 표 II) 중 단측 검정(one-tailed test)난을 읽어 쉽게 처리할 수 있다(R을 제시할 경우는 단측 검정을 함). 즉 총 40번 검사 중 바른 답이 26번 이상이면 5%에서, 28번 이상이면 1%에서 유의적으로 차이가 인정되므로 두 시료 간에 1% 수준에서 차이가 있다고 할 수 있다.

3) 삼점 검사(Triangle Test)

삼점 검사는 종합적 차이 검사 중에서 두 가지의 시료 차이를 비교적 예민하게 식별할 수 있어 가장 많이 쓰이는 방법으로 기준시료(R)가 없는 것이 일-이점 검사와 다르다.

세 개의 시료를 제시하여 두 시료는 같고 한 시료는 다르게 하여 '홀수(다른)' 시료를 선택하도록 한다. 이때 제공될 수 있는 시료의 배치는 6가지 (AAB, ABA, BAA, BBA, BAB, ABB)이며, 위치 및 순위 오차를 줄이기 위하여 무작위로 배치하여 평가원에게 제공하고, 평가원은 왼쪽부터 제공된 순서대로 맛을 본 후 홀수(다른) 시료를 지적하게 한다. 감각의 둔화현상을 고려하여 시료에 따라 다르지만 한 번 평가에 4회 이하(총 12개 시료)로 실시하는 것이 좋다. 삼점 검사법의 정답확률은 1/3로 패널요원은 보통 20 ~ 40명이 검사하지만 차이가 클 경우 12명, 작을 경우는 50~100명이 동원된다. 또한 훈련된 10명의 패널요원으로 2~4회 반복 평가할 수 있다.

예제

유제품 회사에서 대두를 원료로 하여 제조한 새로운 형태의 frozen 요구르트를 개발하여 시판하고 있는데 상당히 각광을 받고 있으나, 부재료로 첨가되는 원료 중 기능성을 보강한 대두올리고당의 가격이 높아 가격이 저렴하면서도 대두올리고당의 기능성을 그대로 가지고 있는 효소합성 올리고당으로 대체를 하려고 한다. 기존 제품과 새로운 올리고당으로 대체시킨 제품과의 차이 정도를 조사하기 위하여 삼점 검사를 실시하였다.

이름 :   번호 :   날짜 :

3개의 시료로 구성된 4쌍의 시료세트가 제공됩니다.

3개 중 2개는 같고 1개는 다른 시료입니다. 나머지 다른 한 개를 골라 해당 번호에 표시(∨)하십시오.

각 시료를 맛보는 중간에는 제공된 물로 입가심을 하여 주십시오.

1. 425 (   )   578 (   )   743 (   )

2. 248 (   )   356 (   )   639 (   )

3. 754 (   )   265 (   )   472 (   )

4. 165 (   )   326 (   )   794 (   )

그림 6-5 삼점 검사의 질문지

그림 6-6 삼점 검사의 시료 제시

진행과정

① 훈련된 관능검사 요원과 시료 준비를 준비한다(10명, 대두 올리고당과 시판 효소 합성 올리고당을 첨가한 요구르트).

② 설문지를 작성한다.

③ 관능검사를 실시한다(AAB, ABA, BAA, BBA 순서).

　425 : 표준품, 578 : 표준품, 743 : 신제품

　248 : 표준품, 356 : 신제품, 639 : 표준품

　754 : 신제품, 265 : 표준품, 472 : 표준품

　165 : 신제품, 326 : 신제품, 794 : 표준품

④ 결과

　P=패널요원

　R=정답,　X=틀린 답

패널요원	AAB	ABA	BAA	BBA
P_1	X	R	X	R
P_2	R	R	R	R
P_3	R	X	R	R
P_4	X	R	R	X
P_5	R	R	X	R
P_6	X	X	R	X
P_7	X	R	R	R
P_8	X	X	R	X
P_9	R	R	X	X
P_{10}	R	R	X	X
합(정답)	5	7	6	5

$$x^2 = [(X_1 - 2X_2) - 3]^2 / 8N$$
$$= [(4 \times 23 - 2 \times 17) - 3]^2 / 8 \times 40$$
$$= 9.44$$

$x^2(d=2)$: 5.99(5%)
　　　　　9.21(1%)

X_1 : 정답수(23)
X_2 : 오답수(17)
N : 검사횟수(40)

X^2 검정(표 Ⅰ)에서도 1% 수준에서 유의성이 인정되었다.

통계 : 또한 삼점 검사의 유의성 검정표(표-Ⅲ)를 이용하면 10명의 평가원이 삼점 검사를 4회 반복한 결과 총 40회 중 23회의 정답을 얻었고, 통계분석표(표-Ⅲ)에 의하여 5%(19회) 또는 1%(21회)보다 많고 0.1%(24회)보다 적으므로 두 시료가 1% 수준에서 유의하게 다르다고 결론을 내릴 수 있다.

4) 확장 삼점 검사(Extend Triangle Test)

삼점 검사를 실시할 때 두 가지 시료간의 종합적 차이 유무를 지적하게 하는 것뿐만 아니라 시료간의 특성차이나 기호성을 비교하는 검사이다. 이 방법은 한번의 종합적 차이검사에서 추가로 관심있는 자료를 얻을 수 있는 장점은 있으나 검사자에게 이중의 심리적 부담을 주는 단점이 있다. 이 검사는 종합적 차이검정에서 통계적 유의성이 인정되었을 경우에만 검사자들의 추가 의견이 존중되며 그렇지 않을 경우에는 의견이 무시된다. 종합적 차이검정에서 유의성이 있을 경우 '어느 것이 좋다'는 기호성 검사에서의 유의성 검토는 정답을 제시한 패널 요원수를 기준으로 이점법의 양측검정 통계표(표-II)를 사용한다.

이름 :   번호 :   검사일 :

3개의 시료로 구성된 한 세트의 시료가 제시됩니다.
그 중 2개는 같고 1개는 다릅니다.
(1) 홀수(다른) 시료에 번호를 기입하여 주시고,
(2) 짝수 시료와 홀수 시료의 관능적 성질을 기술하며
(3) 두 가지 시료 중 어느 것을 더 좋아하는지 표시(∨)하여 주십시오.

     홀수시료 번호   (   )
     관능적 성질   홀수시료 ＿＿＿＿＿＿＿＿＿＿＿＿＿＿＿
                 짝수시료 ＿＿＿＿＿＿＿＿＿＿＿＿＿＿＿
     좋아하는 시료   홀수시료 (   )
                 짝수시료 (   )

그림 6-7 확장 관능검사의 설문지

2 특성차이 검사(Attribute Difference Test)

특성차이 검사는 식품의 여러 관능적 특성 중 주어진 특성(attribute)에 대하여 시료들 사이에 차이가 있는지, 있다면 차이가 어느 정도 있는지를 평가하는 검사로 i) 이점 비교 검사(paired comparison test), ii) 순위법 (ranking test), iii) 평점법(scoring test), iv) 다시료 비교 검사(multiple comparison test)가 많이 사용되고, v) 크기 추정법(magnitude estimation)도 사용한다.

1) 이점 비교 검사(Paired Comparison Test)

두 개의 시료(A, B)를 동시에 제시하여 특정한 특성이 더 강한 것을 지적하게 하는 방법으로 정답 확률은 50%이다. 다른 방법보다 시료가 적게

들고 실시방법이 쉽기 때문에 많이 사용되고 있는 방법이다. 통계적 분석은 특성이 강한 시료를 확실히 지적했으면 통계분석표(표 II)에서 단측검정(one-tailed test)을 사용하고, 특성의 강도에 차이는 있지만 어떤 시료가 강한지 확실히 모를 때는 양측검정(two-tailed test)을 사용한다.

예제 시판되고 있는 오렌지 주스(A, B제품)의 단맛의 차이를 조사하기 위하여 패널요원 20명을 선정하여 이점비교 검사를 실시하였다.

진행과정

① 관능검사 요원 모집과 시료 준비를 한다(20명, 시판되고 있는 오렌지 주스).
② 설문지 작성을 한다.

이름 :　　　　　　　　　　번호 :　　　　　　　　　날짜 :

　앞에 놓여진 두 오렌지 주스를 왼쪽부터 맛보시고 더 단맛을 주는 주스에 표시(∨)하여 주십시오.

　　　　　　　　시료번호　　358 (　　)　　685 (　　)

기타의견 :

그림 6-8 이점비교 검사의 질문지

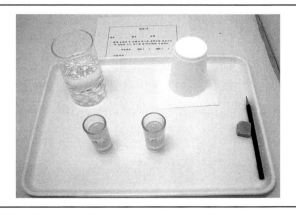

그림 6-9 이점비교 검사 제시

③ 관능검사 실시(AB, BA) 순서로 실시하게 함

358 : A사 제품, 685 : B사 제품

④ 결과 : 두 번 반복한 검사 결과 A가 더 달다고 한 답이 첫 번째 검사에서 13번, 두 번째는 15번이라면 반복결과에 큰 차이가 없으므로 두 결과를 합하여 총 40번중 28번 A가 지적되었다. 검정표 표Ⅱ에서 검사자수 40에서(이 경우 단측검정) 5%의 유의성은 26번 정답, 1% 유의성은 28번 정답, 0.1%는 31번 정답이므로 결론은 1% 유의수준에서 '두 오렌지 주스 중 A가 B보다 더 달다'고 할 수 있다(표 Ⅱ).

2) 순위법(Ranking Test)

순위법은 세 개 이상의 시료를 제시하여 주어진 특성이 제일 강한 것부터 순위(1, 2, 3…)를 정하게 하는 방법으로 강도가 가장 큰 것이나 또는 작은 시료를 선택하거나 좀 더 자세한 평가를 위해 일차적으로 사용한다. 이 방법은 평가할 때 강도 순위로 위치를 바꾸어 가면서 순위를 정하게 된다. 일반적으로 순위법은 검사시간이 절약되고 많은 시료를 평가할 수 있다.

또한 시료간의 차이를 확실하게 제시토록 하는 장점이 있으나 느끼는 강도의 차이정도를 알 수 없는 단점이 있다. 시료수는 보통 3~6개 정도이며 10개를 넘지 않도록 하며, 결과분석은 Basker의 최소 유의성 검정표(표-IV, V) 또는 유의성 검정표의 최소유의범위(표-VI, VII)를 사용하거나 x^2 검정(표Ⅰ) 또는 분산분석과 Duncan의 다범위검정을 사용하여 통계분석을 한다.

예제 어느 음료회사의 연구실에서 새롭게 개발된 녹차음료에 칼로리를 줄이기 위하여 단맛을 내는데 칼로리가 거의 없는 인공감미료를 첨가하려고 한다. 그러나 인공감미료에는 설탕과 같은 천연감미료와 달리 쓴맛이 있어 제품에 영향을 주므로 식품회사에서 널리 사용되고 있는 4가지 인공감미료(A, B, C, D)에 대해 가장 쓴맛이 적은 감미료를 선택하고자 이들 감미료의 쓴맛 강도를 순위법에 의하여 평가하였다.

진행과정

① 패널요원 모집과 시료를 준비한다(관능검사 요원 10명, 동일한 단맛을 나타내도록 네 가지 감미료를 물에 희석시켜 준비).

② 설문지를 작성한다.

이름 :   번호 :   날짜 :

앞에 놓여 있는 시료의 맛을 보시고 쓴맛이 강한 것부터 순서대로 표시하여 주십시요.

425 (   )   578 (   )   743 (   )   248 (   )

그림 6-10 순위법 질문지

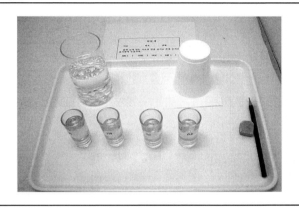

그림 6-11 순위법의 제시(Ⅰ)

③ 관능검사 실시 :

425 : A 감미료, 578 : B 감미료, 743 : C 감미료, 248 : D 감미료

④ 결과

패널요원	A	B	C	D
1	2	1	3	4
2	2	1	4	3
3	1	2	3	4
4	2	1	3	4
5	2	1	3	4
6	1	2	3	4
7	1	2	4	3
8	2	1	3	4
9	2	1	3	4
10	1	2	3	4
순위합	16	14	32	38

각 처리군에 대한 순위의 합을 비교하면 다음과 같다.

B	A	C	D
14a	16a	32b	38b

여기서 같은 알파벳을 지니는 순위합들 간에는 유의적인 차이가 없다. 순위의 합을 Basker의 최소 유의성 검정표(부록II의 표-IV)에 의해 분석하면 패널요원수 10명과 제품수 4개에서 유의성을 주는 순위합의 차이는 5% 수준에서 15이므로 위와 같은 결과를 얻었다.

예제

제조방법을 달리한 숭늉제품들의 구수한 맛에 대한 순위를 알아보고자 순위법에 의한 관능검사를 다음과 같이 실험을 하였다. 또 시료들간의 전체적인 차이 유무와 각 제품들 사이에 유의적인 차이가 있는지 알기 위하여 분산분석(ANOVA)과 Ducan의 다범위 검정으로 분석하였다.

진행과정

① 관능검사 요원 모집과 시료 준비한다(검사요원 8명, 제조방법이 다른 5종류의 숭늉).
② 설문지 작성한다.
③ 관능검사 실시 순서로 실시하게 함

425 ; A 숭늉, 578 ; B 숭늉, 743 ; C 숭늉, 248 ; D 숭늉, 639 ; E 숭늉

___

이름 :   번호 :   날짜 :

앞에 놓여 있는 시료의 맛을 보시고 구수한 맛의 순서로 표시하여 주십시오.

425 (   ), 578 (   ), 743 (   ), 248 (   ), 639 (   )

___

그림 6-12 순위법의 질문지

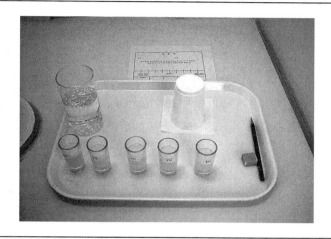

그림 6-13 순위법 제시(Ⅱ)

④ 결과

패널요원	A	B	C	D	E
1	5	2	3	4	1
2	4	3	1	5	2
3	4	3	2	5	1
4	5	3	2	4	1
5	5	3	2	4	1
6	5	2	4	1	3
7	5	4	3	2	1
8	3	4	1	5	2
계	36	24	18	30	12

순위는 상대적인 값이어서 순위를 독립변수로 환산하여 분산분석을 하면 다음과 같다(부록Ⅱ의 표-Ⅷ).

(1순위＝1.16, 2순위＝0.50, 3순위＝0, 4순위＝－0.50, 5순위＝－1.16)

패널요원	A	B	C	D	E	계
1	−1.16	0.50	0	−0.50	1.16	0
2	−0.50	0	1.16	−1.16	0.50	0
3	−0.50	0	0.50	−1.16	1.16	0
4	−1.16	0	0.50	−0.50	1.16	0
5	−1.16	0	0.50	−0.50	1.16	0
6	−1.16	0.50	−0.50	1.16	0	0
7	−1.16	−0.50	0	0.5	1.16	0
8	0	−0.50	1.16	−1.16	0.50	0
계	−6.8	0	3.32	-3.32	6.8	0

수정계수(CF) = (총계)^2/총 판정횟수 = 0/8×5 = 0

시료의 평방계 = {(각 시료의 합)^2/패널 수} − CF

$$= [\{(-6.8)^2 + (0)^2 + (3.32)^2 + (-3.32)^2 + (6.8)^2\}/8] - CF$$

$$= (46.24 + 0 + 11.0224 + 11.0224 + 46.24)/8 - 0 = 14.3156$$

패널요원 평방계 = {(각 패널의 합)^2/시료 수} − CF = 0/5 = 0

총 평방계 = (각 평가점수)^{2}의 합 − CF = $[(-1.16)^2 + (-0.50)^2 + (-0.50)^2$

$$+ (-1.16)^2 + \cdots + (0.50)^2] - CF = 25.5296$$

변인	자유도	평방계	평방평균(MS)	F 값
시료	4	14.3156	3.58	8.95
패널요원	7	0	0	
오차	28	11.2140	0.40	
총계	39	25.5296		

위 표의 내용에서 자유도와 평방평균(mean square, MS)은 다음과 같이 계산한다.

자유도	자유도(시료) = 시료 수 − 1
	자유도(패널) = 패널 수 − 1
	자유도(총계) = 총 평가 수 − 1
	자유도(오차) = 자유도(총계) − 자유도(시료) − 자유도(패널)
평방평균	MS(시료) = 평방계(시료)/자유도(시료)
	MS(패널) = 평방계(패널)/자유도(패널)
	MS(오차) = 평방계(오차)/자유도(오차)

계산된 F값(8.95)은 부록Ⅱ의 표Ⅸ에서 오차의 자유도 28과 시료의 자유도 4의 5% 수준인 F값 2.71과 표Ⅹ에서의 1% 수준에서의 F값 4.07을 초과하므로 5가지 숭늉제품의 구수한 맛은 1% 수준에서 유의적인 차이가 있음을 알 수 있다.

각 시료들 간의 순위에 유의적인 차이가 있는지 알기 위하여 Duncan의 다범위 검정에 의하여 분석하면 다음과 같다.

시료	A	B	C	D	E
계	−6.8	0	3.32	−3.32	6.8
시료평균	−0.85	0	0.415	−0.415	0.85
	(−6.8/8)		(3.32/8)	(-3.32/8)	(6.8/8)

각 시료의 평균값이 큰 것부터 재배열하면

E	C	B	D	A
0.85	0.415	0	−0.415	−0.85

$$시료의\ 평균오차(SE) = \sqrt{오차의\ 평방평균\ /\ 각\ 시료에\ 대한\ 검사횟수}$$
$$= \sqrt{0.40/8}$$
$$= 0.223$$

P	2	3	4	5
rp(5%)	2.90	3.04	3.13	3.20
Rp(=rp×SE)	0.647	0.678	0.698	0.714

여기서 최소유의 범위 rp(부록Ⅱ의 표Ⅺ multiple F Test, 5% 참조)는 자유도(오차) 28과 해당 P값(예: E와 C의 P값은 2, E와 B의 P값은 3)에서의 rp(5%)값이고, Rp는 rp×SE로 계산한다.

E−C=0.85−0.415=0.435<0.647(Rp2)

E−B=0.85−0=0.85>0.678(Rp3),

E−D=1.265>0.698(Rp4)   E−A=1.7>0.714(Rp5)

C−B=0.415>0.647(Rp2)   C−D=0.83>0.678(Rp3)

C−A=1.265>0.698(Rp4)   B−D=0.415>0.647(Rp2)

B−A=0.85>0.678(Rp3)   D−A=0.435>0.647(Rp2)

위 결과는 다음과 같이 표시할 수 있다.

E C B D A	여기서 줄이 겹치는 시료간에는 5% 수준에서 유의적인 차이가 없고 겹치지 않는 것은 유의적인 차이가 있다.
또는 E^a C^{ab} B^{bd} D^{cd} A^{ce}	시료간에 같은 어깨글자가 있는 것은 5% 수준에서 유의적인 차이가 없고, 어깨글자가 다른 시료간에는 유의적인 차이가 있다.

예제 앞의 숭늉 제품의 결과를 순위합(rank sum)에 의해 유의성 검정을 하면 다음과 같다(표 Ⅳ).

제품	A	B	C	D	E
순위법	36	24	18	30	12
A에 대한 차이		12	18	6	24
B 〃			6	6	12
C 〃				12	6
D 〃					18

순위합의 최소 유의차에서 패널요원수 8, 검사물 5의 5% 수준(P＝0.05)의 최소 유의차는 18이었고 1% 수준에서는 21이었다. 또한 유의성 검정표의 최소 유의 범위를 사용할 경우 5% 수준(표 Ⅵ)에서 15~33이었고, 1% 수준에서는 13~35(표 Ⅶ)이었다. 그러므로 숭늉의 관능검사 결과는

유의 수준	P＝0.05	P＝0.01
최소 유의차	18	21
E	a	a
C	ab	a
B	abc	a
D	bc	a
A	c	b

그러므로 E는 D(P＝0.05)나 A(P＝0.01)보다 숭늉의 구수한 맛이 현저히 높다고 판정할 수 있고, C와 E는 A보다 높다고 할 수 있다.

3) 평점법(Scoring Test)

평점법(또는 채점법)은 척도법(scaling test)이라고도 하는데 주어진 시료에서 어떤 특성의 강도가 얼마나 다른지를 조사할 때 사용한다. 이 방법은 기준시료(R) 없이 여러 개의 시료(3~7개)를 제시하여 정해진 척도에 따라 평가한다. 이 경우 각 특성에 따른 강한 정도(강도)의 수량적 인지도를 높이고 특성간의 영향오차를 줄이기 위하여 강도 높은 훈련이 필요하며, 검사요원은 8명 이상의 훈련된 패널요원이 동원된다.

척도의 종류에는 구획척도(structured scale)와 비구획척도(unstructured scale)가 있으며 구획척도로는 보통 1~9점의 항목척도가 사용되고, 비구획척도로는 15cm의 선척도(linear scale)가 사용된다. 항목척도의 사용 시에는 패널요원들이 시료를 맛본 후 평가한 특성의 해당 강도 항목을 선택하여 숫자를 표시하도록 하며 선척도를 사용할 경우에는 해당 강도를 일정거리의(15cm, 양끝에서 1.25cm 들어온 곳에 한계점 표시) 직선상에 느끼는 강도를 표시하게 한다. 이 경우 왼쪽 끝으로부터 표시된 지점까지의 거리를 점수로 환산하여 통계분석에 사용한다.

통계분석은 패널요원들의 평가점수에 대해 분산분석(ANOVA)을 하여 유의성을 검정하고 시료들 간에 다중비교분석을 한다.

예제 5가지 방법에 의하여 제조된 콩우유의 콩 비린 냄새를 9점법에 의하여 8명의 패널요원이 평점법으로 평가하였다. 그 결과를 분산분석(ANOVA) 및 Duncan의 다범위 검정과 최소 유의차에 의한 유의성 검토를 한 결과는 다음과 같다. 여기서 1은 지극히 약함, 5는 보통, 9는 지극히 강함으로 하였다.

진행과정

① 관능검사요원 모집 및 시료준비(검사요원 8명, 시료준비)를 한다.
② 평점법 질문지를 작성한다.
③ 관능검사를 실시한다.

435 : A 콩우유,   589 : B 콩우유, 435 : C 콩우유,
283 : D 콩우유,   583 : E 콩우유

이름 :   번호 :   날짜 :

앞에 놓여 있는 5가지의 콩우유 시료의 냄새를 9점법에 의하여 평가하여 주십시오.

1 : 약하다,   3 : 약간 약하다,   5 : 보통이다,

7 : 약간 강하다,   9 : 대단히 강하다.

435 (   ),   589 (   ),   435 (   ),   283 (   ), 583 (   )

그림 6-14 평점법의 질문지

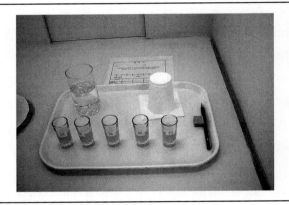

그림 6-15 평점법의 시료제시

④ 결과 분석

패널요원	A	B	C	D	E	계
1	3	4	6	2	3	18
2	4	4	7	1	5	21
3	3	3	5	3	6	20
4	2	3	5	4	3	14
5	5	2	6	4	2	19
6	2	6	7	2	3	20
7	3	3	6	2	2	16
8	2	5	3	1	3	14
계	24	30	44	17	27	142

수정계수(CF) = (총계)^2/ 총 판정횟수 = (142)^2/ 8×5 = 504.1

시료간 평방계 = [{(24)^2+(30)^2+(44)^2+(17)^2+(27)^2}/8]−504.1

= [(576+900+1936+289+729)/8]−504.1

= 49.65

패널요원간 평방계

= [{(18)^2+(21)^2+(20)^2+(14)^2+(19)^2+(20)^2+(16)^2+(14)2/5] − CF

= [(324+441+400+196+361+400+256+196)/5]−504.1

= 10.7

총 평방계 = {(3)^2+(4)^2+(3)^2+(2)^2+……+(3)^2} − CF

= 103.9

변인	자유도	평방계	평방평균(MS)	F값
시료	4	49.65	12.41	7.96
패널요원	7	10.7	1.53	
오차	28	43.55	1.56	
총계	39	103.9		

위 분산분석의 계산은 순위법에서의 계산방법과 같은 방법으로 한다.

시료간의 차이가 있는가를 검정하기 위해 여기서 계산된 F값(7.96)은 (부록II의 표-XI) 오차의 자유도 28과 시료의 자유도 4의 5% 수준에서의 F값 2.71과 1% 수준에서의 F값 4.07을 초과하므로 5가지 방법에 의해 제조된 콩우유들은 1% 수준에서 콩 비린 냄새에 차이가 있음을 알 수 있다. 이를 앞의 순위법과 같이 Duncan의 다범위 검정으로 각 시료들 간의 차이의 유의성을 검토하기 위하여 각 시료의 평균값을 큰 것부터 다시 정리하면 다음과 같다.

시료	C	B	E	A	D
평균	5.5	3.75	3.375	3.0	2.125

시료의 평균 오차(SE) = $\sqrt{}$오차의 평방평균/각 시료의 검사횟수

= $\sqrt{1.56/8}$ = 0.44

<표 XI 참고>

P	2	3	4	5
rp(5%)	2.90	3.04	3.13	3.20
Rp(=rp×SE)	1.28	1.34	1.38	1.41

C－B＝5.5－3.75＝1.75>1.28(R2)   C－E＝5.5－3.375＝2.125>1.34(R3)

C－A＝5.5－3.0＝2.5>1.38(R4)   C－D＝5.5－2.125＝3.375>1.41(R5)

B－E＝3.75－3.375＝0.375<1.28(R2)   B－A＝3.75－3.0＝0.375<1.34(R3)

B－D＝3.75－2.125＝1.625>1.38(R4)   E－A＝3.75－3.0＝0.375<1.28(R2)

E－D＝3.75－2.125＝1.25<1.34(R3)   A－D＝3.0－2.125＝0.875<1.28(R2)

위 결과는 다음과 같이 표시할 수 있으며 결과의 이해는 순위법 결과를 참조한다.

C   B   E   A   D C^a B^b E^{bc} A^{bc} D^c

___

_____

_____   ___

_____

각 시료들 간의 유의적 차이를 검토하기 위하여 최소 유의차(LSD)를 t－분포표(표 XI)를 이용하여 분석하면,

<표 XIII>

LSD 0.05 ＝ Tdfe $\sqrt{2.MSE/2n}$(n＝시료수)

＝ 2.132 $\sqrt{2.x\ 1.56/10}$

＝ 1.052

LSD 0.01 ＝ 3.747 $\sqrt{2.x\ 1.56/10}$

＝ 2.093

평균값의 순서로 시료를 나열하면

C^a	B^b	E^{bc}	A^{bc}	D^c
5.5	3.75	3.38	3.00	2.13

그러므로 시료 C는 다른 콩우유보다 콩비린 냄새가 1% 수준(표XI)에서 높고, B는 D보다 0.05% 수준에서 높으며, E는 D보다 5% 수준(표XII)에서 높았다고 할 수 있다.

SAS 프로그램에 의한 통계 분석 방법

① SAS 프로그램상에서 아래의 명령어를 직접 작성하거나 흔글이나 Excel로 아래와 같이 작성한 후 text file로 저장한다.

```
data soy;
   input pan trt y1;
cards;
1 1 3
2 1 4
3 1 3
4 1 2
5 1 5
6 1 2
. . . .
. . . .

6 5 3
7 5 2
8 5 3
;
proc anova;

class trt;
model y1=trt;
means trt/duncan;

title'anova 2001';
run;
```

* pan = panelist, trt = sample,   y₁ = beany flavor

② DOS형 SAS나 Window형에서 미리 data화시킨 file을 불러온다.
③ 통계 프로그램을 실행시키면 아래의 결과가 나온다.

```
                            The SAS System
                  Analysis Variable : Beany Flavor

       — — — — — — — — — — GROUP  A — — — — — — — — — — —

        N        Mean       Std Dev      Minimum      Maximum
        8      3.0000000   1.0690450    2.0000000    5.0000000

       — — — — — — — — — — GROUP  B — — — — — — — — — — —

        N        Mean       Std Dev      Minimum      Maximum
        8      3.7500000   1.2817399    2.0000000    6.0000000

       — — — — — — — — — — GROUP  C — — — — — — — — — — —

        N        Mean       Std Dev      Minimum      Maximum
        8      5.6250000   1.3024702    3.0000000    7.0000000

                          GROUP—D

        N        Mean       Std Dev      Minimum      Maximum
        8      2.3750000   1.1877349    1.0000000    4.0000000

       — — — — — — — — — — GROUP  D — — — — — — — — — — —

        N        Mean       Std Dev      Minimum      Maximum
        8      3.3750000   1.4078860    2.0000000    6.0000000
```

```
                  Analysis of Variance Procedure
                     Class Level Information

              Class    Levels    Values
              TRT        5        1 2 3 4 5

           Number of observations in data set    40
                          anova 2001
                  Analysis of Variance Procedure

Dependent Variable: Y1
   Source              DF       Sum of Squares      Mean Square     F Value      Pr > F
   Model                4         48.25000000      12.06250000        7.66      0.0002
   Error               35         55.12500000       1.57500000
   Corrected Total     39        103.37500000
                    R—Square            C.V.          Root MSE           Y1 Mean
                    0.466747         34.62041        1.25499004        3.62500000

   Source              DF          Anova SS         Mean Square     F Value      Pr > F
   TRT                  4         48.25000000      12.06250000        7.66      0.0002

                          anova 2001

                  Analysis of Variance Procedure
         Duncan's Multiple Range Test for variable: Y1

           Alpha   0.05   df   35   MSE   1.575
           Number of Means    2     3     4     5
           Critical Range  1.274 1.339 1.382 1.412

     Means with the same letter are not significantly different.
           Duncan Grouping            Mean    N   TRT
                        A            5.6250    8   3

                        B            3.7500    8   2

                        B            3.3750    8   5

                        B            3.0000    8   1

                        B            2.3750    8   4
```

4) 다시료 비교검사(Multiple comparison test)

　　다시료 비교검사는 어떤 주어진 특성이 기준시료(R)와 비교하여 얼마나 차이 있는지 조사하거나 시료간의 여러 특성의 차이의 정도를 자세히 평가할 수 있는 방법이다. 이 방법에서는 패널요원들에게 기준 검사물과 여러 개의 검사물을 제시하고 특정 성질의 강도 차이를 주어진 구획척도 또는 비구획척도에 따라 평가하게 한다. 패널요원은 기준 시료가 있는 경우 기준 검사물을 먼저 평가한 다음, 비교 검사물의 특정 성질을 평가하여 그 차이의 정도를 표시하도록 한다. 이때 비교 검사물 중 반드시 기준 검사물과 동일한 검사물을 포함시켜야 한다. 기준 시료가 포함되지 않을 경우는 기준 검사물로 훈련된 관능요원으로 하여금 특성 차이 정도를 조사한다.

완전 랜덤화 계획법(Completely randomized design, CRD)

　　패널요원들 간에 평가 차이가 없다고 가정할 때 실시한다.

　　복숭아 통조림 회사에서 자회사 통조림(A)과 타회사 통조림(B, C, D)의 경도를 비교하고자 다시료 비교검사를 9점법으로 평가하였다. 패널요원은 36명이었으며 사용한 검사표와 평가결과는 다음과 같다. 이때 패널 요원은 한 가지 시료만 제공받고 한 가지 시료만 평가를 한다.

진행과정
① 관능검사요원 모집 및 시료준비(검사요원 36명, 시료준비)를 한다.
② 질문지를 작성한다.

이름 :   날짜 :

제품/특성 :

다음의 시료에 대해 기준 시료와 비교하여 차이의 정도를 해당항목에 표시하시오.

      R보다 약하다

      R과 같다

      R보다 강하다

        차이의 정도 (강한)

        없다

        약간

        보통

        많이

        대단히 많이

그림 6-16 다시료 비교법의 설문지(완전 랜덤화 계획법)

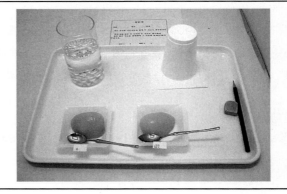

그림 6-17 완전 랜덤화 계획법의 시료제시

③ 결과

A	B	C	D
5 8 6	4 3 4	4 5 4	2 2 1
3 5 7	3 2 2	4 3 5	2 1 2
4 7 4	3 4 3	2 1 2	1 1 2

④ 통계분석 : 패널지도자는 평가원들이 표시한 내용을 점수로 전환시킨
다. 만일 '강하다'에 표시하고 그 정도가 '대단히 많이'라면 9점으로 전환
하고, 만일 '강하다'에 표시하고 그 정도가 '많이'라면 8점으로 전환한다.
'같다'는 아래의 항의 '없다'에 해당하며 점수는 5점으로 전환한다. 결과
의 분석방법은 평점법의 경우와 동일하다.

SAS 프로그램에 의한 통계 분석 방법

① SAS 프로그램 상에서 아래의 명령어를 직접 작성하거나 한글로 작성
한 후 text file로 저장한다.
② DOS형 SAS나 Window형에서 미리 data화시킨 file을 불러온다.
③ 통계 프로그램을 실행시키면 아래의 결과가 나온다.
④ 결과분석 : P-value가 0.0001로 시료 간에 유의적인 차이가 있다고 분석
되었는데 A시료가 가장 경도가 강하였고 B,C시료가 비슷한 경도로 나
타났으며 가장 경도가 작은 것은 D시료였다.

```
data peach;
 do trt=1 to 4;
   input hard @; output;
 end;
cards;
5 4 4 2
8 3 5 2
6 4 4 1
3 3 4 2
5 2 3 1
7 2 5 2
4 3 2 1
7 4 1 1
4 3 2 2
run;

proc anova;
  class trt;
  model hard=trt;
  means trt/duncan;
run;
```

```
                    Analysis of Variance Procedure

                    Class     Levels    Values

                    TRT          4      1 2 3 4


              Number of observations in data set    36
                         anova 2001 1
                    Analysis of Variance Procedure

Dependent Variable: HARD
Source              DF          Sum of Squares       Mean Square   F Value    Pr > F
Model                3            68.97222222        22.99074074    16.23     0.0001
Error               32            45.33333333         1.41666667
Corrected Total     35           114.30555556
                 R-Square              C.V.            Root MSE         HARD Mean
                 0.603402            35.41204         1.19023807        3.36111111

Source              DF             Anova SS          Mean Square   F Value    Pr > F
TRT                  3            68.97222222        22.99074074    16.23     0.0001

                         anova 2001 1
                    Analysis of Variance Procedure
             Duncan's Multiple Range Test for variable: HARD

               Alpha   0.05  df   32   MSE   1.416667
               Number of Means    2    3    4
               Critical Range  1.143 1.201 1.239

      Means with the same letter are not significantly different.
           Duncan Grouping          Mean     N   TRT
                    A              5.4444     9    1
                    B              3.3333     9    3
                    B              3.1111     9    2
                    C              1.5556     9    4
```

랜덤화 완전 블록 계획(Randomized completely block design)

동일한 실험 단위를 블록으로 간주하고, 통계 시에는 블록효과를 제거한 다음 처리 효과의 유의성 검정으로 함으로써 통계분석을 정밀하게 하는 장점이 있다.

예제 복숭아 통조림 회사에서 자회사 통조림(A)과 타회사 통조림(B, C, D)의 경도를 비교하고자 다시료 비교검사를 9점법으로 평가하였다. 패널요원은 9명이었으며 사용한 검사표와 평가결과는 다음과 같다.

진행과정
① 관능검사요원 모집 및 시료준비(검사요원 9명, 시료준비)를 한다.
② 질문지를 작성한다.
③ 관능검사를 실시한다.

532 : A 회사 통조림, 248 : B 회사 통조림,

769 : C 회사 통조림, 199 : D 회사 통조림

이름 :   날짜 :

제품/특성 :

다음의 시료에 대해 기준 시료와 비교하여 차이의 정도를 해당항목에 표시하시오.

	532	248	769	199
R보다 약하다				
R과 같다				
R보다 강하다				

차이의 정도 (강한)

없다

약간

보통

많이

대단히 많이

그림 6-18   다시료 비교검사의 질문지

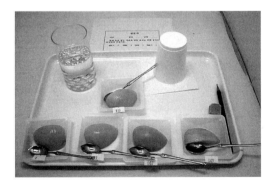

그림 6-19   다시료 비교검사의 제시방법

─통계분석 : 패널지도자는 평가원들이 표시한 내용을 점수로 전환시킨다. 만일 '강하다'에 표시하고 그 정도가 '대단히 많이'라면 9점으로 전환하

고, 만일 '강하다'에 표시하고 그 정도가 '많이'라면 8점으로 전환한다. '같다'는 아래의 항의 '없다'에 해당하며 점수는 5점으로 전환한다. '약하다'에서 '대단히 많이'는 1점이고 '보통'은 3점이다. 결과의 분석방법은 평점법의 경우와 동일하다.

패널요원	A	B	C	D	합계
1	5	4	4	2	15
2	8	3	5	2	18
3	6	4	4	1	15
4	3	3	4	2	12
5	5	2	3	1	11
6	7	2	5	2	15
7	4	3	2	1	10
8	7	4	1	1	13
9	4	3	2	2	11
합계	49	28	30	13	120
평균	5.4 a	3.1 b	3.3 b	1.4 c	

순위법과 평정법에서의 계산과 같은 방법으로 다음을 얻었다.

CF＝400

시료간 평방계 ＝ 72.67

패널간 평방계 ＝ 13.5

총 평방계 ＝ 118

분산	자유도	평방계	분산	F값
시료	3	72.67	24.22	
패널요원	8	13.5	1.69	18.21
오차	24	31.83	1.33	
총계	35	118		

5% 수준(부록II의 표-IX)에서 3.01, 1% 수준(표X)에서 4.72보다 F값 18.21이 더 크므로 시료간 유의성이 있음을 알 수 있다.

(표 XI 참고)

시료 평균을 크기순으로 재배열하면

시료	A	C	B	D
평균	5.44	3.33	3.11	1.44

시료의 평균오차 $= \sqrt{1.33/9} = 0.38$

P	2	3	4
rp(5%)	2.92	3.07	3.15
Rp(=rp×SE)	1.11	1.12	1.18

A−C=5.44−3.33=2.11>1.11(R2)

A−B=5.44−3.11=2.33>1.12(R3)

A−D=5.44−1.44=4>1.18(R4)

C−B=3.33−3.11=0.22<1.11(R2)

C−D=3.33−1.44=1.89>1.12(R3)

B−D=3.11−1.44=1.67>1.11(R2)

A C B D A^a C^b B^b D^c

위 결과에서 A회사의 복숭아 통조림 제품이 타 회사의 복숭아보다 가장 단단하며 D회사의 복숭아는 타 회사의 제품보다 가장 연함을 알 수 있다.

시료간의 유의적인 차이를 검토하기 위한 최소 유의차(LSD, 표 XIII)는

$$LSD\ 0.05 = T\sqrt{2.MSE/2n}\ (n=시료수)$$
$$= 2.353\sqrt{2.x\ 1.33/8}$$
$$= 1.357$$
$$LSD\ 0.01 = 4.541\sqrt{2.x\ 1.33/8} = 2.618$$

평균값을 순서로 나열하면

A[a]	C[b]	B[b]	D[c]
5.44	3.33	3.11	1.44

그러므로, A회사의 복숭아 통조림 제품이 타 회사 제품보다 단단하고 (1% 수준) C와 B는 유의적 차이가 없으나 5% 수준에서 D보다 단단함을 알 수 있다(D가 가장 연함).

SAS 프로그램에 의한 통계 분석 방법

① SAS 프로그램 상에서 아래의 명령어를 직접 작성하거나 흔글이나 Excel로 작성한 후 text file로 저장한다.

```
data peach;
  input hard $ @;
  do panelist=1 to 9; input score @@; output; end;
cards;
A 5 8 6 3 5 7 4 7 4
B 4 3 4 3 2 2 3 4 3
C 4 5 4 4 3 5 2 1 2
D 2 2 1 2 1 2 1 1 2
;
run;

proc anova;
class hard panelist;
model score=panelist hard;
means hard/duncan;
run;
```

② DOS형 SAS나 Window형에서 미리 data화시킨 file을 불러온다.

③ 통계 프로그램을 실행시키면 아래의 결과가 나온다.

④ 결과분석 : P-value가 0.001로 시료간 유의적인 차이가 있는데 가장 경도가 강한 시료는 A시료, 그 다음은 C와 B시료가 동일한 경도를 나타냈고 가장 약한 경도를 갖는 시료는 D시료였다.

```
                    Analysis of Variance Procedure
                      Class Level Information

                    Class    Levels    Values

                    GROUP      4      A B C D

            Number of observations in data set    35

                      The SAS System
                 Analysis of Variance Procedure

Dependent Variable: HARD    HARD
Source            DF       Sum of Squares      Mean Square     F Value    Pr > F
Model             3           68.9722            22.9907         16.23     0.001
Error            32           45.3333             1.4166
Corrected Total  35          114.3055
           R-Square              C.V.           Root MSE            HARD Mean
           0.598656             35.412          1.190235             3.3611


Source            DF           Anova SS         Mean Square     F Value    Pr > F
GROUP             3             68.97            22.9907         16.23     0.0001

                      The SAS System
                 Analysis of Variance Procedure
          Duncan's Multiple Range Test for variable: HARD

            Alpha   0.05  df   32  MSE   1.416667
            WARNING: Cell sizes are not equal.
          Harmonic Mean of cell sizes   8.727273

            Number of Means    2     3     4
            Critical Range   1.143 1.201 1.239

     Means with the same letter are not significantly different.

            Duncan Grouping          Mean      N  GROUP
                    A               5.4444     9  A
                    B               3.3333     9  C
                    B               3.1111     9  B
                    C               1.4400     9  D
Analysis Variable : HARD

------------------------------ GROUP  A -----------------------------

       N      Mean      Std Dev      Minimum      Maximum

       9   5.4444444   1.6666667   3.0000000    8.0000000

------------------------------ GROUP  B -----------------------------

       N      Mean      Std Dev      Minimum      Maximum

       9   3.1111111   0.7817360   2.0000000    4.0000000

------------------------------ GROUP  C -----------------------------

       N      Mean      Std Dev      Minimum      Maximum

       9   3.3333333   1.4142136   1.0000000    5.0000000

------------------------------ GROUP  D -----------------------------

       N      Mean      Std Dev      Minimum      Maximum

       9    1.5556     0.5345225   1.0000000    2.0000000
```

관능요원 간의 유의성 검정 방법 :

아래 명령어를 사용하며 관능검사의 정확성을 위하여 시료간의 유의성 뿐만 아니라 관능검사요원 간의 유의성 검정도 실시한다.

```
proc sort data=peach;
by group;
run;

proc means data=peach;
by group;
run;

proc anova data=peach;
class group;
model hard=group;
means group/duncan;
run;
```

```
Class Level Information

                Class    Levels    Values
                ID          9       P01 P02 P03 P04 P05 P06 P07 P08 P09

              Number of observations in data set    36

                        The SAS System

                  Analysis of Variance Procedure

Dependent Variable: HARD
Source          DF        Sum of Squares      Mean Square    F Value    Pr > F
Model            8        13.40000000         1.67500000      0.44     0.8859
Error           27        99.00000000         3.80769231
Corrected Total 35       112.40000000
                R-Square              C.V.        Root MSE        HARD Mean
                0.119217            57.39209      1.95133091      3.40000000

Source          DF           Anova SS         Mean Square    F Value    Pr > F
ID               8        13.40000000         1.67500000      0.44     0.8859

                        The SAS System
                  Analysis of Variance Procedure
          Duncan's Multiple Range Test for variable: HARD

              Alpha  0.05  df   26  MSE   3.807692
              WARNING: Cell sizes are not equal.
              Harmonic Mean of cell sizes   3.857143

   Number of Means    2     3     4     5     6     7     8     9
   Critical Range  2.888 3.034 3.128 3.195 3.245 3.284 3.315 3.340

   Means with the same letter are not significantly different.
         Duncan Grouping           Mean      N   ID
                    A             4.500      4   P02
                    A             4.000      4   P06
                    A             3.750      4   P01
                    A             3.750      4   P03
                    A             3.250      4   P08
                    A             3.000      4   P09
                    A             3.000      4   P04
                    A             2.750      4   P05
                    A             2.500      4   P07
```

```
Analysis Variable : HARD
                        ID－P01
     N        Mean       Std Dev       Minimum       Maximum
     4     3.7500000    1.2583057    2.0000000     5.0000000


                        ID－P02
     N        Mean       Std Dev       Minimum       Maximum
     4     4.5000000    2.6457513    2.0000000     8.0000000

─ ─ ─ ─ ─ ─ ─ ─ ─ ─ ─ ─ ─ ID－P03 ─ ─ ─ ─ ─ ─ ─ ─ ─ ─ ─ ─ ─
     N        Mean       Std Dev       Minimum       Maximum
     4     3.7500000    2.0615528    1.0000000     6.0000000


                        ID－P04
     N        Mean       Std Dev       Minimum       Maximum
     4     3.0000000    0.8164966    2.0000000     4.0000000


                        ID－P05
     N        Mean       Std Dev       Minimum       Maximum
     4     2.7500000    1.7078251    1.0000000     5.0000000

─ ─ ─ ─ ─ ─ ─ ─ ─ ─ ─ ─ ─ ID－P06 ─ ─ ─ ─ ─ ─ ─ ─ ─ ─ ─ ─ ─
     N        Mean       Std Dev       Minimum       Maximum
     4     4.0000000    2.4494897    2.0000000     7.0000000


                        ID－P07
     N        Mean       Std Dev       Minimum       Maximum
     4     2.5000000    1.2909944    1.0000000     4.0000000


                        ID－P08
     N        Mean       Std Dev       Minimum       Maximum
     4     3.2500000    2.8722813    1.0000000     7.0000000

─ ─ ─ ─ ─ ─ ─ ─ ─ ─ ─ ─ ─ ID－P09 ─ ─ ─ ─ ─ ─ ─ ─ ─ ─ ─ ─ ─
     N        Mean       Std Dev       Minimum       Maximum
     4     3.0000000    1.0000000    2.0000000     4.0000000
```

　　관능검사요원 간에 유의성 검정을 한 결과 value가 0.88로 관능검사요원들 간에 큰 차이가 없었다. 즉 관능검사 요원들이 같은 시료는 동일하거나 비슷하게 평가하는 것으로 분석되었다. 만약 P-value가 낮게 나타나 요원들 간에 유의적인 차이가 있게 분석되었다면 같은 시료를 평가하는데 관능요원들이 동일하게 평가하지 않았음을 의미한다.

반복된 랜덤화 완전 블록계획(Replication randomized completely block design)

랜덤화 완전 블록계획을 두 번 이상 반복하는 경우이며 진행과정은 랜덤화 완전 블록(②)과 동일하다.

예제

8명의 패널 요원이 각각 다른 5가지 방법으로 제조된 복숭아 통조림의 단단한 정도를 9점법에 의해서 평가한다. 이때 이틀에 걸쳐서 5가지 시료를 검사한 결과는 아래와 같다.

패널요원	첫째 날					둘째 날				
	A	B	C	D	E	A	B	C	D	E
1	3	4	6	2	3	3	4	6	2	3
2	4	4	7	1	5	4	4	7	1	5
3	3	3	5	3	6	3	3	5	3	6
4	2	3	5	4	3	2	3	5	4	3
5	5	2	6	4	2	5	2	6	4	2
6	2	6	7	2	3	2	6	7	2	3
7	3	3	6	2	2	3	3	6	2	2
8	2	5	3	1	3	2	5	3	1	3

SAS 프로그램에 의한 통계분석 방법

```
data peach;
  input rep pan trt y1;
  cards;
1 1 1 3
1 2 1 4
1 3 1 3
1 4 1 2
1 5 1 5
1 6 1 2
1 7 1 3
1 8 1 2
1 1 2 4
. . . .

2 1 1 3
2 2 1 4
2 3 1 3
2 4 1 2
2 5 1 5
2 6 1 2
2 7 1 3
2 8 1 2
2 1 2 4
2 2 4 4
2 3 3 3

  proc glm;

  class rep pan trt;
    model y1=rep pan trt rep*trt;
    test h=trt e=rep*trt;

  means trt/duncan e=rep*trt etype=3;
  run;
```

① SAS 프로그램 상에서 아래의 명령어를 직접 작성하거나 Excel이나 흔글로 작성한 후 text file로 저장한다.
② DOS형 SAS나 Window형에서 미리 data화시킨 file을 불러온다.
③ 통계 프로그램을 실행시키면 아래의 결과가 나온다.

```
General Linear Models Procedure
                              Class Level Information

                   Class    Levels     Values
                   REP         2       1 2
                   PAN         8       1 2 3 4 5 6 7 8
                   TRT         5       1 2 3 4 5

           Number of observations in data set = 80

                       anova 2001 1         01:23 Friday, March 20, 1998   34
                     General Linear Models Procedure

Dependent Variable: Y1
Source                 DF      Sum of Squares       Mean Square   F Value    Pr > F
Model                  16       112.05000000        7.00312500      4.66     0.0001
Error                  63        94.70000000        1.50317460
Corrected Total        79       206.75000000
              R-Square            C.V.            Root MSE            Y1 Mean
              0.541959           33.82180         1.22604021        3.62500000
Source                 DF         Type I SS        Mean Square   F Value    Pr > F
REP                     1        0.00000000        0.00000000      0.00     1.0000
PAN                     7       15.55000000        2.22142857      1.48     0.1915
TRT                     4       96.50000000       24.12500000     16.05     0.0001
REP*TRT                 4        0.00000000        0.00000000      0.00     1.0000

Source                 DF        Type III SS       Mean Square   F Value    Pr > F
REP                     1        0.00000000        0.00000000      0.00     1.0000
PAN                     7       15.55000000        2.22142857      1.48     0.1915
TRT                     4       96.50000000       24.12500000     16.05     0.0001
REP*TRT                 4        0.00000000        0.00000000      0.00     1.0000

                       anova 2001 1         01:23 Friday, March 20, 1998   35

              Duncan Grouping         Mean        N    TRT
                    A              5.6250000      16     3
                    B              3.7500000      16     2
                    C              3.3750000      16     5
                    D              3.0000000      16     1
                    E              2.3750000      16     4
```

불완전 블록계획

  일반적으로 한 명의 패널요원이 많은 수의 시료를 평가할 수 없을 때 사용된다. 예를 들면 시료가 적더라도 자극적이어서 그 다음 시료 평가에 큰 영향을 줄 때 또는 시료수가 6개 이상의 시료일 경우 패널 요원이 피곤을 느껴 올바르게 평가할 수 없을 때 사용한다.

예제 6품종의 고춧가루의 매운맛 정도를 평가하고자 한다. 훈련된 패널요원 15명이 고춧가루의 매운 정도를 9점 척도법으로 평가하였다. 고춧가루는 매운맛이 강하여 6개 시료를 한 번에 제시를 하면 올바른 평가를 할 수 없을 것 같아 개인당 시료 4개를 평가할 수 있도록 준비하여 제시하였다. 즉 시료는 4개를 한 블록으로 하였고, 블록 내 검사물 시료는 아래의 표와 같다.

t(시료수)＝6, k(블록당 시료수)＝4, r(각 시료의 반복수)＝10, b(블록수):15, λ(한 블록 내에 두 개의 시료 함께 나타나는 수)＝6, E＝0.90

① 1, 2, 3, 4	④ 1, 2, 3, 5	⑦ 1, 2, 3, 6	⑩ 1, 2, 4, 5	⑬ 1, 2, 5, 6
② 1, 4, 5, 6	⑤ 1, 2, 4, 6	⑧ 1, 3, 4, 5	⑪ 1, 3, 5, 6	⑭ 1, 3, 4, 6
③ 2, 3, 5, 6	⑥ 3, 4, 5, 6	⑨ 2, 4, 5, 6	⑫ 2, 3, 4, 6	⑮ 2, 3, 4, 5

블록/패널	시료					
	1	2	3	4	5	6
1	6	1	1	2		
2	6			1	3	3
3		4	2		5	2
4	7	2	3		2	
5	3	5		1		1
6		1		1	3	2
7	7	4	4			3
8	2		1	1	1	
9		2		2	2	3
10	4	2		2	5	
11	5		3		1	1
12		3	2	1		2
13	4	2			1	1
14	5		2	2		1
15		2	4	5		1

진행과정
① 관능검사요원 모집 및 시료준비(검사요원 15명, 시료준비)를 한다.
② 질문지를 작성한다.
③ 관능검사를 실시한다.

이름 :   날짜 :

제품/특성 :

앞에 제시된 고춧가루의 매운 정도를 기준 시료와 비교하여 차이 정도를 아래와 같은 점수로 평가하여 주십시오.

대단히 강하다 9, 강하다 7, 보통 5, 약하다 3, 대단히 약하다 1

시료 번호   ——   ——   ——   ——
                 ——   ——   ——   ——
                 ——   ——   ——   ——
                 ——   ——   ——   ——

그림 6-20 불완전 블록법에 의한 다시료 비교검사의 질문지

그림 6-21 불완전 블록법에 의한 다시료 제시방법

④ 결과 및 분석 방법 (SAS 프로그램에 의한 방법)

```
data pepper;
  input pan trt y1;
cards;
1 1 6
2 1 6
3 2 4
4 1 3
5 1 3
6 3 1
7 1 7
8 1 2
9 2 2
10 1 4
11 1 1
12 2 3
13 1 4
14 1 5
15 2 2
. . .
. . .

12 6 2
13 6 1
14 6 1
15 5 1
;
proc glm;
class pan trt;
model y1=pan trt ;
lsmeans trt/stderr pdiff;
run;

proc glm;
class pan trt;
model y1=pan trt;
means trt/duncan;
```

```
The SAS System

                        General Linear Models Procedure
                          Class Level Information

              Class   Levels    Values
              PAN       15       1 2 3 4 5 6 7 8 9 10 11 12 13 14 15
              TRT        6       1 2 3 4 5 6

                  Number of observations in data set   60

                            The SAS System
                    General Linear Models Procedure

Dependent Variable: Y
Source            DF         Sum of Squares       Mean Square    F Value    Pr > F
Model             19           76.01388889         4.00073099      2.33     0.0120
Error             40           68.56944444         1.71423611
Corrected Total   59          144.58333333
                  R-Square        C.V.            Root MSE        Y Mean
                  0.525744       50.68213         1.30928840     2.58333333

Source            DF          Type I SS           Mean Square    F Value    Pr > F
PAN               14          42.33333333         3.02380952      1.76     0.0803
TRT                5          33.68055556         6.73611111      3.93     0.0054
Source            DF          Type III SS         Mean Square    F Value    Pr > F
PAN               14          38.33055556         2.73789683      1.60     0.1224
TRT                5          33.68055556         6.73611111      3.93     0.0054

                            The SAS System
                    General Linear Models Procedure
                         Least Squares Means

         TRT          Y          Std Err       Pr > |T|     LSMEAN
                    LSMEAN       LSMEAN       H0:LSMEAN 0    Number

          1       4.16666667    0.43277727      0.0001         1
          2       2.75000000    0.43277727      0.0001         2
          3       2.41666667    0.43277727      0.0001         3
          4       1.88888889    0.43277727      0.0001         4
          5       2.52777778    0.43277727      0.0001         5
          6       1.75000000    0.43277727      0.0002         6

               Pr > |T| H0: LSMEAN(i) LSMEAN(j)

        i/j    1       2       3       4       5       6
        1      .     0.0270  0.0071  0.0007  0.0113  0.0003
        2    0.0270    .     0.5921  0.1707  0.7207  0.1130
        3    0.0071  0.5921    .     0.3976  0.8580  0.2866
        4    0.0007  0.1707  0.3976    .     0.3068  0.8231
        5    0.0113  0.7207  0.8580  0.3068    .     0.2149
        6    0.0003  0.1130  0.2866  0.8231  0.2149    .

        Duncan's Multiple Range Test for variable: Y1

NOTE: This test controls the type I comparisonwise error rate, not the
      experimentwise error rate

           Alpha  0.05  df  40  MSE  1.714236

       Number of Means       2     3     4     5     6
       Critical Range      1.183 1.244 1.284 1.313 1.335

Means with the same letter are not significantly different.

        Duncan Grouping            Mean      N  TRT

                      A           4.1000     10   1
               B      A           3.0000     10   2
               B                  2.4000     10   3
               B                  2.4000     10   5
               B                  1.8000     10   4
               B                  1.8000     10   6
```

불완전 블록법 시료 제시법

불완전 블록법은 평가할 시료가 너무 자극적이어서 시료가 적더라도 한 꺼번에 평가하기 어려울 수 있고, 시료가 많은 경우에도 한꺼번에 평가할 수 없으므로 블록을 정하여 전체 검사물 중 일부만을 검사하고 각 패널 요원이 검사하는 검사물들이 한 블록이 되어 검사를 하는 방법이다. 다음 은 불완전 블록법을 실시할 경우 시료 제시 방법이다.

t(시료수)=4, k(블록당 시료수)=2, r(각 시료의 반복수)=3, b(블럭수):6 λ(한 블록 내에 두 개의 시료 함께 나타나는 수)=1, E=0.67		
Rep. I	Rep. II	Rep. III
① 1 2	③ 1 3	⑤ 1 4
② 3 4	④ 2 4	⑥ 2 3

t(시료수)=5, k(블록당 시료수)=2, r(각 시료의 반복수)=4, b(블럭수):10 λ(한 블록 내에 두 개의 시료 함께 나타나는 수)=1, E=0.62	
Rep. I and II	Rep. III
① 1 2	⑥ 1 4
② 3 4	⑦ 2 3
③ 2 5	⑧ 3 5
④ 1 3	⑨ 1 5
⑤ 4 5	⑩ 2 4

t(시료수)=5, k(블록당 시료수)=3, r(각 시료의 반복수)=6, b(블록수):10 λ(한 블록 내에 두 개의 시료 함께 나타나는 수)=3, E=0.83	
Reps. I, II and III	Reps. IV, V and VI
① 1 2 3	⑥ 1 2 4
② 1 2 5	⑦ 1 3 4
③ 1 4 5	⑧ 1 3 5
④ 2 3 4	⑨ 2 3 5
⑤ 3 4 5	⑩ 2 4 5

t(시료수)=6, k(블록당 시료수)=3, r(각 시료의 반복수)=5, b(블록수):10
λ(한 블록 내에 두 개의 시료 함께 나타나는 수)=2, E=0.80

① 1 2 5	⑥ 2 3 4
② 1 2 6	⑦ 2 3 5
③ 1 3 4	⑧ 2 4 6
④ 1 3 6	⑨ 3 5 6
⑤ 1 4 5	⑩ 4 5 6

t(시료수)=6, k(블록당 시료수)=2, r(각 시료의 반복수)=5, b(블록수):15
λ(한 블록 내에 두 개의 시료 함께 나타나는 수)=1, E=0.60

Rep. I	Rep. II	Rep. III	Rep. IV	Rep. V
① 1 2	④ 1 3	⑦ 1 4	⑩ 1 5	⑬ 1 6
② 3 4	⑤ 2 5	⑧ 2 6	⑪ 2 4	⑭ 2 3
③ 5 6	⑥ 4 6	⑨ 3 5	⑫ 3 6	⑮ 4 5

t(시료수)=6, k(블록당 시료수)=4, r(각 시료의 반복수)=10, b(블록수):15
λ(한 블록 내에 두 개의 시료 함께 나타나는 수)=6, E=0.90

Reps. I and II	Reps. III and IV	Reps. V and VI	Reps. VII and VIII	Reps. IX and X
① 1 2 3 4	④ 1 2 3 5	⑦ 1 2 3 6	⑩ 1 2 4 5	⑬ 1 2 5 6
② 1 4 5 6	⑤ 1 2 4 6	⑧ 1 3 4 5	⑪ 1 3 5 6	⑭ 1 3 4 6
③ 2 3 5 6	⑥ 3 4 5 6	⑨ 2 4 5 6	⑫ 2 3 4 6	⑮ 2 3 4 5

t(시료수)=7, k(블록당 시료수)=3, r(각 시료의 반복수)=3, b(블록수):7
λ(한 블록 내에 두 개의 시료 함께 나타나는 수)=1, E=0.90

① 1 2 4　② 2 3 5　③ 3 4 6　④ 4 5 7　⑤ 5 6 1　⑥ 6 7 2　⑦ 7 1 3

t(시료수)=7, k(블록당 시료수)=4, r(각 시료의 반복수)=4, b(블록수):7
λ(한 블록 내에 두 개의 시료 함께 나타나는 수)=2, E=0.88

① 3 5 6 7　② 1 4 6 7　③ 1 2 5 7　④ 1 2 3 6　⑤ 2 3 4 7
⑥ 1 3 4 5　⑦ 2 4 5 6

t(시료수)=8, k(블록당 시료수)=4, r(각 시료의 반복수)=7, b(블록수):14 λ(한 블록 내에 두 개의 시료 함께 나타나는 수)=3, E=0.86			
Rep. I	Rep. II	Rep. III	Rep. IV
① 1 2 3 4 ② 5 6 7 8	③ 1 2 7 8 ④ 3 4 5 6	⑤ 1 3 6 8 ⑥ 2 4 5 7	⑦ 1 4 6 7 ⑧ 2 3 5 8
Rep. V	Rep. VI	Rep. VII	
⑨ 1 2 5 6 ⑩ 3 4 7 8	⑪ 1 3 5 7 ⑫ 2 4 6 8	⑬ 1 4 5 8 ⑭ 2 3 6 7	

t(시료수)=9, k(블록당 시료수)=4, r(각 시료의 반복수)=8, b(블록수):18 λ(한 블록 내에 두 개의 시료 함께 나타나는 수)=3, E=0.84	
Reps. I, II, III and IV	Reps. V, VI, VII and VIII
① 1 4 6 7 ② 2 6 8 9 ③ 1 3 8 9 ④ 1 2 3 4 ⑤ 1 5 7 8 ⑥ 4 5 6 9 ⑦ 2 3 6 7 ⑧ 2 4 5 8 ⑨ 3 5 7 9	⑩ 1 2 5 7 ⑪ 2 3 5 6 ⑫ 3 4 7 9 ⑬ 1 2 4 9 ⑭ 1 5 6 9 ⑮ 1 3 6 8 ⑯ 4 6 7 8 ⑰ 3 4 5 8 ⑱ 2 7 8 9

제 7 장

묘사분석

　관능검사에서의 묘사분석(descriptive analysis)은 차이식별검사 중 가장 발달된 방법이라 할 수 있다. 즉 식품의 전체적 관능특성을 분석하거나, 저장가공 중 전체적 특성에 영향을 주는 주요 요인들을 집중적으로 검토할 수 있는 방법이다. 묘사분석의 정의는 식품의 맛, 냄새, 텍스쳐, 점도, 색과 겉모양, 소리 등의 관능적 특성을 느끼게 되는 순서에 따라 평가하게 하는 것으로 특성별 묘사와 강도를 총괄적으로 검토하게 하는 방법이다.

　묘사 분석의 진행은 i) 패널요원들의 차이식별 능력 검토, ii) 적절한 특정묘사의 선택, iii) 각 묘사 특성 강도의 정도 결정 순으로 3단계에 걸쳐 진행되며 이 때 패널 요원 등은 철저히 훈련시킨 후 관능검사에 임하게 한다.

　묘사 분석은 i) 신제품을 개발하고자 할 때 신제품의 주요 관능적 특성의 설정, ii) 경쟁 제품과의 전반적 특성 비교, iii) 기존 제품의 결점 보완, iv) 부재료의 배합비율이나 원료를 대체하였을 때의 영향, v) 파이롯트 규모에서 공장생산 규모로 확대할 때의 품질 차이, vi) 포장, 운반, 저장 중의 품질변화 조사, vii) 식품검사 또는 품질관리를 위한 표준제품의 품질 설정 등에 이용할 수 있다. 또한 묘사 분석의 결과들은 물리화학적 특성간의 관계나 전체기호도에 영향을 주는 요소들의 영향정도를 통계적으로 분석하여 유도한 뒤 가공조건 및 저장조건에 따른 품질의 예측에 이용할 수 있다.

일반적으로 묘사분석은 다른 차이식별검사보다 많은 시간이 소요되고 특성 묘사의 강도의 양적 표현을 위하여 신중한 토론과 강도 높은 훈련이 필요하다. 묘사분석에 사용하는 방법은 향미 프로필(flavor profile), 텍스처 프로필(texture profile), 정량적 묘사분석(quantitative descriptive analysis, QDA)가 가장 많이 사용되고, 스펙트럼 묘사분석(spectrum descriptive analysis) 과 시간－강도 묘사분석(time-intensity descriptive analysis)이 필요에 따라 사용된다.

1 묘사의 선정 및 특성 분류

식품의 관능적 특성을 정량적으로 평가하는 데 있어 가장 중요한 점은 적절한 묘사의 선택이다. 묘사선정에서 유의할 사항으로는 제품의 특성을 잘 대표해야 하며, 용어 간에는 서로 연관성이 없어야 하며, 식품 특성을 폭 넓게 수용할 수 있어야 한다. 또 정확히 정의될 수 있으며 표준말이어야 하고, 가능하면 영어의 묘사와 연관되는 것이 좋다.

어떤 식품의 묘사구성은 그 묘사를 평가함으로써 그 식품의 전체적 관능특성의 모양을 짐작케 할 수 있어야 하고 묘사는 종종 특정 화학품이나 잘 알려진 식품으로 대신할 수 있다(알코올, 바닐라, 한약 냄새 또는 맛 등).

1) 향미 프로필 방법(Flavor profile method)

식품의 맛과 냄새에 기초를 두고 후미, 화학적 촉감, 전체적 향미강도를 포함시켜 출현하는 순서와 강도에 따라 분석함으로써 시료의 향미가 재현될 수 있도록 묘사한다(Keane, 1992).

패널원의 선정 및 훈련

여러 명의 대상자(약 30명) 중에서 향미 식별능력, 관심도, 예민성, 일관

성 등을 참조하여 최종적으로 10명을 선정한다. 패널요원 훈련은 특성묘
사의 용어 및 시료의 종류에 관한 인식, 맛과 냄새의 검사 기술 등 예비
교육과 실제 시료를 사용하여 향미 프로필을 시행한 뒤 평가 결과를 공
개적으로 검토, 토론한다. 가능한 한 개인과 그룹의 오차를 줄여야 하므로
장시간(수개월~1년)의 훈련기간이 필요하다.

향미 검사 요령

검사 순서는 냄새-맛-후미의 순서로 하며, 냄새는 손을 시료용기에
대지 않고 코를 가까이(일정 거리 유지) 하여 3~4번 일정속도로 짧게 들
이마시면서 감지한다. 맛은 일정량(액체는 5~10ml)을 입에 넣고 씹거나
삼켜서 평가하고 후미는 삼킨 다음 1분 후에 남아있는 향미를 평가한다.

표 7-1 마요네즈에 대해 완성된 향미 프로필(Moskowitz, 1988)

	마요네즈 A		마요네즈 B	
냄새 (Aroma)	전체적 조화도	2	전체적 조화도	1 1/2
	기름(식용유)	1 1/2	신(식초)	2
	익은 달걀	1	기름의, 산화된	1 1/2
	신(식초)	1 1/2	톡 쏘는(pungent)	1
	복합양념(양파, 마늘, 겨자)	1/2	복합양념(양파, 마늘)	1
	기타	1	기타 : 달걀의	
향미 (Flavor)	전체적 조화도	2	전체적 조화도	1
	단	1/2	단	1 1/2
	기름(식용유)	1 1/2	신(식초)	2 1/2
	신(식초)	2	기름기가 있는 입안 촉감	1
	짠	2	짠	1
	익은 달걀	1	아리고 매운 향신료	1
	기름기가 있는 입안 감촉		떫은	1 1/2
	기타 : 향신료	1	기타 : 달걀의	1 1/2
후미	짠 기름기가 있는 입안 감촉		신 매운 향신료	
색	연노랑 달걀색		연한 미색	
질감	매끄러운, 끈끈한(gelatinous)		덩어리진, 약간 알갱이가 있는	

기준 시료의 사용

향미특성 용어의 인식과 강도의 훈련을 위하여 기본맛과 냄새(설탕, 구연산, 소금, 카페인, 향신료, 추출물, 박하뇌, 캡사이신, 명반 등)물질을 농도별로 준비하여 인식하게 한다.

결과의 정리 및 예

결과의 재현성과 이해를 위하여 검사 목적, 시기 그리고 검사 시의 시료 준비 및 제시, 사용한 검사 방법 및 요령, 용어의 정의 및 표준 강도 등을 세밀하게 기록하고 결과는 표와 그림으로 표시하여 그 밖의 의견도 포함시키는 것이 좋다.

표 7-2 인삼차의 향미 프로필 및 성정된 묘사용어(김, 1985)

냄 새		맛	
1. 단내	17. 엿 냄새	1. 단맛, 달착지근한 맛	17. 톡 쏘는 맛
2. 인삼 냄새	18. 증기 냄새	2. 쓴맛, 씁쓸한 맛	18. 아린 맛
3. 눌은 냄새	19. 생강 냄새	3. 싱거운 맛	19. 홍차 맛
4. 나무뿌리 냄새	20. 풀 냄새	4. 칡뿌리 맛	20. 풀 씹는 맛
5. 한약 냄새	21. 약품 냄새	5. 인삼 맛	21. 삶은 고구마 맛
6. 탄 냄새	22. 알코올 냄새	6. 메스꺼운 맛	22. 텁텁한 맛
7. 씁쓸한 냄새	23. 콩나물 데친 냄새	7. 찝찝한 맛	23. 물 맛
8. 흑설탕 냄새	24. 소독약 냄새	8. 떫은맛	24. 가루약 맛
9. 구운 고구마 냄새	25. 노린내	9. 계피 맛	25. 생강차 맛
10. 찐 감자 냄새	26. 황 냄새	10. 향기로운 맛	26. 덜 익은 감 맛
11. 향긋한 냄새	27. 종이 타는 냄새	11. 한약 맛	27. 시큼한 맛
12. 엿기름 냄새	28. 나무 향기	12. 부드러운 맛	28. 깨끗한 맛
13. 한약 냄새	29. 흙 냄새	13. 쌉쌀한 맛	
14. 꿀 냄새	30. 계피 냄새	14. 상쾌한 맛	
15. 나물 삶는 냄새	31. 시큼한 냄새	15. 탄 맛	
16. Acetone 냄새	32. 칡 냄새	16. 물엿 맛	
냄 새	1. 흙 냄새 2. 마른 나무 냄새 3. 단내 4. 탄 냄새 5. 톡 쏘는 냄새 6. 신 냄새	맛	1. 떫은맛 2. 매운맛 3. 아린 맛 4. 단맛 5. 시큼한 맛 6. 탄 맛

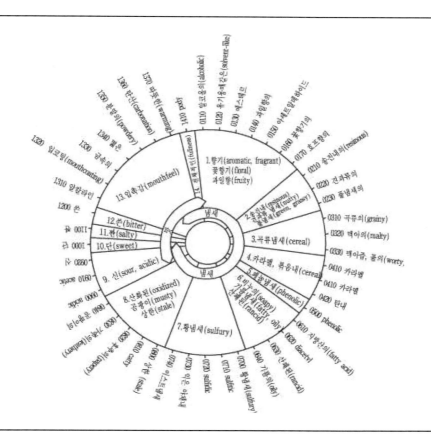

그림 7-1 향미 프로필의 분류 및 WHEEL(Haward, 1988 ; Meilgaard, 1979)

2) 텍스쳐 프로필 방법(Texture profile method)

식품의 다양한 물리적 특성, 즉 단단함(경도), 응집성, 탄력성, 부착성 등 기계적 특성과 입자의 모양, 배열 등 기하학적 특성 그리고 수분과 지방의 함량 등의 강도를 평가하여 제품의 텍스쳐 특성을 규정하고 재현할 수 있도록 한다.

패널원의 선정 및 훈련

패널원은 건강한 치아와 손의 감촉으로 텍스쳐 특성을 판별할 수 있는 능력을 갖추어야 하며 그 외의 건강, 참여의식, 연령과 편견여부 등은 일반적 패널원 선발조건에 준한다. 향미 프로필 경우와 같이 선발된 사람은 예비교육과 실제 실시훈련의 장기간 훈련과정을 거치게 된다.

텍스쳐 검사 요령

식품의 텍스쳐 검사 요령은 각 특성의 정의에 따라 조심스럽게 느낌을 평가해야 한다. 이 때의 방법은

① 입안에 넣는 방법 : 앞니 사용, 숟가락 사용, 넣는 양 조절 등
② 분쇄하는 방법 : 이로만 분쇄, 혀와 입천장만 사용, 이와 혀를 사용하여 완전히 분쇄
③ 시료를 씹는 속도 및 삼키기 전에 씹는 횟수
④ 각 검사 시료는 크기와 형태를 식품별로 일정하게 해 준다.

표 7-3 기계적 특성의 정의(Szczesniak, 1975)

특 성		정 의	
1차적 특성	경도	일정한 변형에 필요한 힘	어금니 사이에 시료를 넣고 한번 무는데 드는 힘
	응집성	시료가 파열되기 전까지 변형되는 정도	치아 사이에서 시료가 부서지기 전까지 압축되는 정도
	점성	일정한 힘 단위당 흐름 속도	숟가락에 있는 액체를 혀 위로 흡입하는데 필요한 힘
	탄성	변형하는데 사용된 힘을 제거한 후 변형된 물질이 원래의 형태로 돌아가는 데 걸리는 속도	시료를 치아 사이에 넣고 압축했을 때 원상복귀되는 정도
	부착성	식품의 표면과 다른 식품의 표면을 분리하는 데 필요한 힘	일상적으로 먹는 동안 입천장에 붙는 물질을 제거하는 데 필요한 힘
2차적 특성	부서짐성	부서지는 데 드는 힘	시료를 부수고 깨뜨리는 데 드는 힘
	씹힘성	고체 시료를 삼키기 전까지 씹는 데 드는 힘	시료를 삼킬 수 있을 때까지 일정한 힘과 속도로 씹는 데 드는 힘
	껌성	반고체성 시료를 삼키기 전까지 드는 힘	반고체성 시료를 삼키기 전까지 분쇄하는데 드는 힘

텍스쳐 특성별 정의와 함께 평가요령은 다음과 같다.

기준시료의 사용

텍스쳐의 각 특성의 강도범위는 넓고 다양하다. 그러므로 우리가 잘 알고 있는 제품의 텍스쳐를 표준으로 하여 상대평가하는 것이 오차를 줄이고 객관화하기에 편리하다. 표준척도에 이용할 식품의 선정 시 유의할 사항은 다음과 같다.

① 제품의 품질이 균일하고 품질관리가 잘 되는 유명회사의 제품

② 관능검사를 위하여 특별한 준비가 필요 없는 것
③ 온도나 습도에 텍스쳐 변화가 쉽게 일어나지 않는 제품
표준시료와 표준척도의 예는 다음과 같다.

표 7-4 액상 및 반고체 식품을 위한 텍스쳐 용어 정의(Moskowitz, 1975)

용 어	정 의
표면의 촉촉함	표면의 수분 함유율
온도	혀에서의 온도 느낌(따뜻함, 차가움)
무거움	혀에 놓였을 때의 식품의 무게
견고성	부분적으로 또는 전체적으로 압착하는데 드는 힘
부드러움성	입자가 분리되거나 느껴지는 정도
부착성	입에 부착된 시료를 제거하는데 필요한 힘
발림성	혀에 시료가 퍼지는(발리는) 정도
2-phase impression	한 가지 이상의 텍스쳐 요인으로 동시에 일어나는 현상
껌성	삼킬 때 반고체 상태의 시료를 분리하는데 요구되는 에너지
흡수성	시료와 침이 혼합되는 정도
소실률	시료가 부서지는데 걸리는 시간
소실의 균일성	시료가 부서질 때 부서지는 균일한 정도
소실 형태	시료가 원래 상태에서 묽은 액상으로 감소하는 정도
입코팅	시료를 삼킨 후에 입안에서 코팅되는 정도나 형태
잔여물의 입촉감	입에 남아 있는 잔여물의 형태

표 7-5 표준경도 척도(standard hardness scale)

Panel rating	제품	상표 또는 형태	생산자	시료의 크기
1	Cream cheese	Philadelphia	Kraft foods	1/2 in
2	Egg white	Hard-cooked, 5min Large, uncooked	–	1/2 in tip
3	Frankfurters	skinless	Mogen David Kosher Meat Products Corp	1/2 in
4	Cheese	Yellow american, pasteurized process	Kraft foods	1/2 in
5	Olives	Exquisite, giant size, stuffed Coktail type in vacuum tin	Cresca Co.	1/2 olive 1 nut
6	Peanuts	Planters Peanuts Uncooked, fresh	Planters Peanuts	1/2 in
7	Carrots	Candy part	–	–
8	Peanut brittle	–	Kraft foods	
9	Rock candy		Dryden and Palmer	

결과의 정리

검사 후 수집된 텍스쳐 특성은 향미 프로필의 경우와 같이 표와 그림으로 정리할 수 있다.

표 7-6 표준 부착성 척도(standard adhesiveness scale)

Panel rating	제품	상표 또는 형태	생산자	시료의 크기
1	Hydrogenated vegetable oil	Crisco	Proter and Gamble Co.	1/2 tsp
2	Buttermilk biscuit dough	–	Pillsbury mills	1/4 biscuit
3	Cream cheese	Philadelphia	Kraft Foods	1/2 tsp
4	Mashmallow topping	Fluff	Durkee-Mower	1/2 tsp
5	Peanut butter	Skippy, smooth	Best Foods	1/2 tsp

표 7-7 쌀밥에 대해 완성된 텍스처 프로필

단 계	시 료			
	A	B	C	D
1단계				
촉촉한 정도	2	2-3	2	1-2
낱알의 끈적거림	1-2	)(-1	)(	)(
거칢	1-2	)(-1	1-2	2-3
크기의 균일성	1-2	2-3	3	1-2
덩어리짐성	2-3	)(-1	1	0-)(
부풀은 정도	1-2	2-3	3	)(-1
2단계				
견고성	1-2	1-2	1-2	1-2
부서짐성(crumbliness)	)(-1	)(	0	1-2
고무질성(rubberiness)	)(-1	1-2	2-3	)(-1
찰기	2-3	1-2	)(-1	)(
밥알 내부의 수분	1	2	1-2	1
3단계				
낱알의 균일성	1	1-2	)(-1	2
응집성	2-3	1-2	)(	1
이에 붙는 정도	1-2	1	0	1-2
입안 코팅	thin starchy	Chalky	slightly chalky	Throat coating
부서지는 속도	빠른-보통	빠른-보통	느린-보통	느린-보통
부서지는 형태	부드럽게 부서지고 약간 알맹이가 있음	구슬같은 입자로 부서짐	부드러운 알갱이 조각으로 부서짐	잔모래 같은 조각으로 덩어리짐

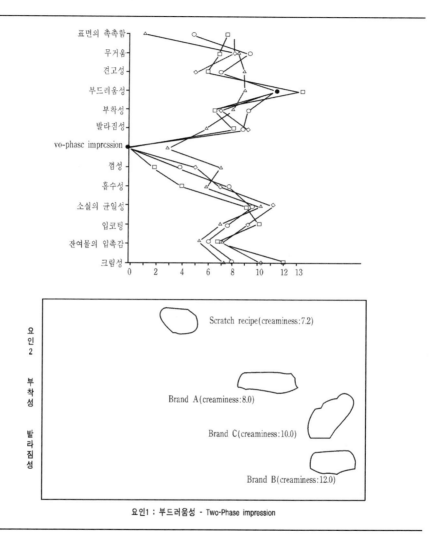

그림 7-2 치즈 케이크의 텍스처 프로필(Moskowitz, 1988)

3) 정량적 묘사 방법(Quantitative descriptive analysis, QDA)

향미와 텍스쳐 프로필 방법이 한가지 종류의 관능특성을 평가하는 데 반하여 정량적 묘사 방법(QDA)은 향미, 텍스쳐, 색, 그리고 전체적인 맛과 냄새의 강도 등 전반적인 관능적 특성을 한눈에 파악할 수 있는 방법이다. 또한 360°의 평면 위에 거미줄 직선을 사용하여 간격(각도)을 일정하게 한 각 특성의 강도를 중심점으로부터의 거리로 표시하고 여러 개의 제품 품질을 쉽게 비교할 수 있게 한 발전된 묘사 분석 방법이다.

패널원의 선정 및 훈련

향미나 텍스쳐 프로필 방법과 같이 30명 정도의 대상자 중에서 패널원의 차이식별능력, 참여의식, 편견유무 등을 고려하여 10~20명(훈련이 잘된 경우 6~8명도 가능)을 선발하고 QDA방법과 묘사용어의 선정 및 강도(척도)에 대하여 검사하고자 하는 시료와 표준시료를 사용하여 토론하면서 이해시킨다.

QDA방법 시행을 위한 주요사항

① 제품 품질을 대표할 수 있는 주요 특성을 모두 포함시킴
② 여러 개 시료의 비교 평가 : 채점법, 다시료 비교법
③ 제품특성용어의 개발 및 선정
④ 정량적 평가 : 항목척도와 선척도 사용
⑤ 반복적 평가 : 신뢰도를 높임, 최소한 4회 반복

결과 정리 및 예

얻어진 결과는 냄새, 맛, 텍스쳐, 색을 분리시켜 QDA선상에 표시하며 제품간의 특성 차이를 쉽게 판별할 수 있도록 묘사용어를 배치하여 차이가 많은 것과 적은 것을 구별해 주는 것이 좋다. QDA의 결과는 분산분석(ANOVA)이나 Duncan의 다범위 검정으로 유의적 차이 유무를 통계적으로 분석할 수 있으며 유의성을 QDA좌표에 표시할 수 있다.

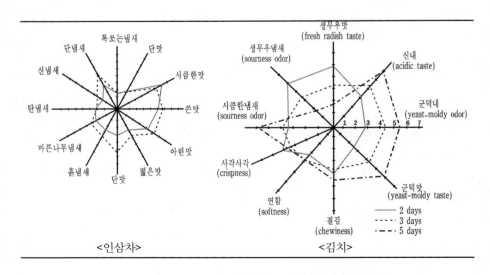

그림 7-3 도식화된 정량적 묘사분석(김, 1985)

4) 스펙트럼 묘사 분석(Spectrum analysis)

식품의 관능적 주요 특성을 기준척도와 비교하여 평가함으로써(예 : 냄새, 4가지 기본맛, 견고성, 응집성, 입자의 크기 등) 제품의 정성적 및 정량적 품질 특성을 제공한다.

패널원의 선정, 훈련, 분석 실시

여러 명의 대상자 중 약 15명을 선발하여 표준시료의 기준척도를 인식하게 한 뒤 분석을 실시한다. 훈련과정은 특성용어를 개발하고 표준시료에 익숙하게 하며 개발한 특성용어가 제품의 특성을 대표할 수 있는지 토론시켜 최종평가표를 작성한다.

묘사분석 검사요령은 향미와 텍스쳐 프로필 방법에 따라 시행하고 기준척도에는 2~5개의 기준점을 마련하여 2~3번 반복 평가한다. 기준척도는 0~15점의 범위로 하여 0은 매우 약한, 15는 매우 강한 것의 표준시료로 정해준다.

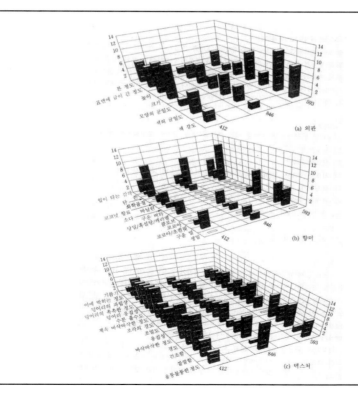

그림 7-4 히스토그램(histogram)으로 나타낸 과자의 특성에 대한 스펙트럼 분석결과
(Mũnoz & civille, 1992)

결과의 정리

수집된 결과는 분할구 분산분석을 사용하여 히스토그램으로 도시한다.

외 관	
색 강도	
색의 균일도	
모양의 균일도	
크기	
높이	
표면에 금이 간 정도	
튼 정도	
향미	
생밀(소맥)	
구운 밀(소맥)	
코코아/초콜렛	
클로브(colve)	
당밀/설탕	
구운 버터	
소다	
코코넛	
기타	
	(맛)
단맛	
쓴맛	
	(감각요인)
매운 정도	
텍스쳐	
	(표면)
울퉁불퉁한 정도	
깔깔함	
건조함	
	(첫 번 깨뭄)
경도	
바삭바삭한 정도	
	(첫 번 씹음)
응집성	
조밀도	
조각의 경도	
	(연속 씹음)
계속 바삭바삭한 정도	
수분 흡수도	
덩어리 응집성	
덩어리의 촉촉한 정도	
덩어리의 과립상	
	(삼킨 후)
느끼한 촉감	
이에 박히는 정도	

그림 7-5 초콜렛 칩의 스펙트럼 분석용 평가표(Mǔnoz & Civille, 1992)

외 관			
1. 색			
색 강도	밝음	———————	어두움
색의 밝기	흐린	———————	밝음
색의 균일성	불균일함	———————	균일함
2. 텍스쳐			
점도	묽음	———————	진함
표면의 거칢	부드러움	———————	거친
	(입자가 거의 없는 부드러운 시료)		
	부드러움	———————	알맹이가 있는
	(작은 입자가 있는 시료)		
	부드러움	———————	덩어리진
	(큰 입자가 있는 시료)		
입자의 상호관계	끈적임이 없는	———————	끈적거림
	낱알의	———————	덩어리진
3. 크기 / 형태			
크기	작은	———————	큰
형태	묽은	———————	진한
균일한 정도	불균일	———————	균일함
4. 표면의 광택	흐린	———————	반짝이는

그림 7-6 외관에 대한 스펙트럼 평가표

5) 시간－강도 묘사분석(Time-intensity analysis)

　식품을 입안에서 씹거나 맛을 볼 때 침과 섞이거나 온도의 변화, 혀의 작용으로 맛과 냄새, 텍스쳐의 느낌이 시간에 따라 변한다. 이 방법은 입안에서의 시간에 따른 관능특성의 강도 변화를 조사하고자 개발한 방법이다.

패널원 선정, 훈련, 분석실시

　선정된 패널원은 제품의 특성과 입안에서의 변화 과정을 검토케 하여 맛과 냄새, 텍스쳐의 평가 방법과 시간을 결정한다. 즉, 맛과 냄새는 10~15초가 적절하며 추잉껌의 경우는 10~15분간 계속 평가할 수 있다. 평가 시 관능 특성을 한번에 전부 평가 할 것이 아니라 향, 맛, 텍스쳐를 분리하여 평가하도록 한다. 맛과 향은 혀를 사용하여 침과 잘 섞이도록 하고 추잉껌을 씹을 때에는 씹는 속도를 일정하게 하고 반복검사를 한다.

결과의 정리

　결과는 표나 그림으로 나타낼 수 있으며 그림인 경우 시간-강도 곡선을 작성하여 최고 강도, 최고 강도 출현시간, 지속시간, 곡선하의 면적을 계산한다.

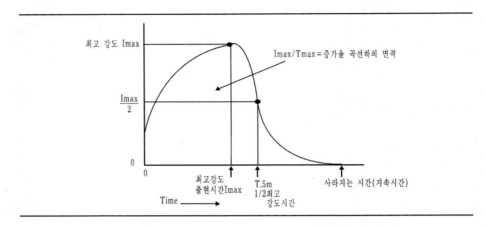

그림 7-7 시간-강도 곡선으로부터 얻을 수 있는 부가적인 정보

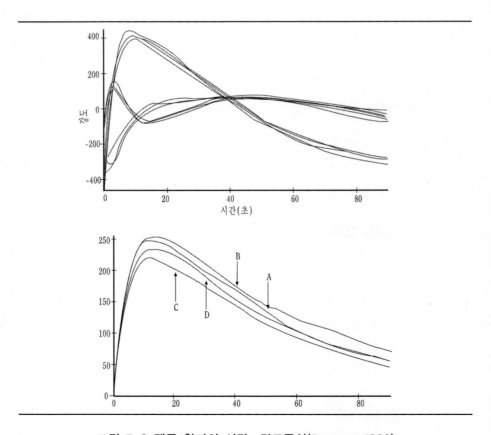

그림 7-8 맥주 향미의 시간-강도곡선(Buuren, 1992)

제 8 장

기호도 검사

    기호도 검사는 소비자의 선호도 또는 기호도를 평가하는 방법으로서 새로운 제품의 개발과 개선을 위하여 주로 사용하고 있으며 일반적으로 차이식별검사나 묘사분석검사 후 실시되지만 경우에 따라서는 그렇지 않은 경우도 있다. 이 검사는 개발부서 요원들이 아닌 소비자를 중심으로 이루어지며 제품의 시장조사를 겸할 수가 있어 기호도 검사 또는 선호도 검사, 소비자 검사라고도 한다.

    기호도 검사는 신제품의 생산을 위하여 필요한 설비를 투자하거나 시장판매를 위해서 광고하기 전에 신제품에 대한 소비자의 기호도를 알아보기 위하여 시행한다. 이때 시행된 소비자 조사에서 기호도가 높다고 하여 그 제품이 반드시 성공하는 것은 아니다. 그 이유는 성공 여부가 제품의 맛과 품질뿐만 아니라 유통판매, 조직, 광고, 가격, 포장, 판매시기, 유사제품과의 경쟁성 등 여러 요인이 판매량에 관여되기 때문이다.

    제품의 기호도 검사의 정확한 결과를 얻기 위하여 시기와 방법을 고려해야 한다. 즉 간식으로 이용하는 것인지, 식사 시 섭취하는 것인지, 식사 전이나 후에 섭취하는 것인지 또는 주로 섭취하는 때가 오전·오후인지 등의 섭취시간을 고려해야 한다. 또 조사하고자 하는 제품이 식사와 함께 섭취되는 것이라면 곁들여지는 동반식품을 제시하거나, 가정에서 섭취하는 방법을 그대로 사용하는 가정사용검사(house-use-test)를 사용하는 것이 효과적이다.

기호도 검사는 시장조사와는 달리 비교적 적은 수의 패널요원을 이용하는 것으로 50명 내외의 패널요원이 평가한다. 검사의 종류는 선호도 검사(acceptance test)와 기호도 검사(preference test) 두 가지가 있으며, 선호도 검사는 2개의 시료에서 더 좋아하는 시료를 선택하게 하고 3개 이상일 때에는 좋아하는 순서를 요구하는 경우이며, 기호도의 검사는 특정 시료를 다른 시료에 비해 좋아하는지 여부를 알고자 할 때 시행한다. 예를 들면 기호도 검사는 A와 비교하여 B가 좋은지 나쁜지 지적하는 것이고, 선호도 검사는 A, B 중 더 좋은 것을 선택하게 하는 것이다. 이때 일반적으로 채점법(scaling test)을 사용하여 좋아하거나 싫어하는 정도를 질문하는데, 이런 경우 기호 척도법(hedonic scale test)이라고 부르며 통계분석은 유의성 검정을 한다.

1 소비자검사 방법

선호도와 기호도 검사를 위하여 가장 많이 사용되는 방법은 이점비교법(paired comparison test)과 기호척도법(hedonic scale test)이며 시료가 3개 이상일 때에는 순위법(ranking test)을 사용한다. 주의점은 기호도나 선호도 검사를 위한 패널원은 훈련받지 않은 사람이어야 하며 이들은 회사에서 잘 관리하여 필요할 경우 반복사용이 가능하나 일정기간(약 1개월) 이상의 여유를 갖게 하는 것이 좋다.

1) 이점비교법

이 방법은 2개의 시료를 한 그룹으로 제시하여 더 좋아하는 것을 지적하게 하는 것으로 2개 이상의 그룹 제시도 가능하다. 또한 그 차이가 거의 없거나 두 시료 모두 싫어할 경우 "좋아하는 것이 없다" 또는 "두 시료 모두 싫어한다"도 설문지에 포함시킬 수 있다. 그러나 평가자들이 50명 이내일 때 이러한 질문은 바람직하지 않다. 왜냐하면 50명의 패널요원에서 평가자들이 유의성이 있을 경우(p=0.05에서 33명 이상) 선호도를 나타낸 사람들만으로(선호도가 없다는 평가자들은 제외) 두 시료의 선호도에 대한 통계적 유의성 검토를 할 경우 평가수가 너무 적기 때문이다.

시료가 2개인 경우

질문지(그림 8-1)에 있는 예 2나 예 3은 A나 B를 지적한 수가 $p = 0.05$에서 유의성이 없을 경우 1차적으로 선호도가 없다고 할 수 있다. 시료는 A-B 또는 B-A로 배열하여 한 사람이 한번 평가하는 것을 원칙으로 한다. 통계분석의 유의성 검토는 어느 것이 더 좋은지 모르는 상황에서 2개 중 1개를 선택하게 하므로 양측검정(two-tailed test)으로 $p \leq 0.05$(또는 5% 이하)에서 유의성 분석을 한다.

이름 :   날짜 :

(예 1)
앞에 놓인 두 개의 시료를 왼쪽부터 맛보고 더 좋아하는 시료를 표시(∨)하여 주십시오.

　　　356 ＿＿＿＿＿＿＿＿＿　　　　　　642 ＿＿＿＿＿＿＿＿＿

　　　선택하게 된 이유 :

(예 2)
앞에 놓인 두 개의 시료를 왼쪽부터 맛보고 더 좋아하는 시료를 표시(∨)하거나 좋아하는 것이 없으면 해당사항에 표시하여 주십시오(한 개 항목만 표시).

　　　356 ＿＿＿＿＿＿＿＿＿　　　　　　642 ＿＿＿＿＿＿＿＿＿

　　　좋아하는 것이 없음
　　　이유 또는 의견

(예 3)
앞에 놓인 두 개의 시료를 왼쪽부터 맛보고 더 좋아하는 시료를 표시(∨)하여 주십시오. 더 좋아하는 시료가 없을 경우는 다음 사항을 표시하십시오.
(한 개 항목만 표시)

　　　356 ＿＿＿＿＿＿＿＿＿　　　　　　642 ＿＿＿＿＿＿＿＿＿

　　　좋아하는 정도가 같음
　　　두 시료 모두 싫어함
　　　이유 또는 의견

그림 8-1 이점 비교법의 기호도 검사 설문지

시료가 2개 이상인 경우

다중이점비교법(multiple paired test)을 사용할 수 있다. 그러나 이 방법은 상당히 번거로운 방법으로 예를 들면 시료가 4개일 경우 6쌍(A−B, A−C, A−D, B−C, B−D, C−D), 5개 시료일 경우 10쌍, 6개의 시료는 15쌍의 이점비교법 검사가 필요하다. 통계적 유의성 검토도(multidimensional analysis : Schiffman et al., 1981, 그림 8-2)가 필요하여 반드시 필요할 경우가 아니면 사용을 피하고 있다.

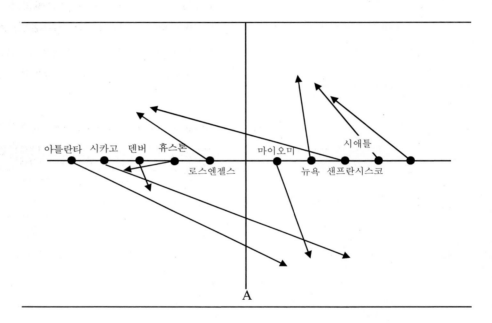

그림 8-2 Multidimensional analysis graph

2) 기호도척도법

기호척도법(hedonic scale test)은 어떤 제품의 기호 정도를 평가하는 데 가장 효과적으로 사용할 수 있다. 이 방법은 9점법이 주로 사용되는 것으로 기호의 정도는 항목척도가 가장 많이 사용되지만 선척도나 얼굴표정척도가 사용되기도 한다. 항목척도의 경우 좋아하거나 싫어하는 정도를 적절히 기술해야 하며 그 예는 그림 8-3과 같다. 결과의 통계적 분석은 채점법과 동일한 방법으로 실시한다. 또 얼굴표정척도(facial hedonic scale)는 항목척도의 설명을 읽기 어렵거나 이해하기 어려운 어린이들(8세 이하)에게 시행하는 것으로 얼굴의 표정을 단계적으로 좋아하는 정도를 그려 해당난에 표시(∨ 또는 ○)하게 하는 것이다(그림 8-4). 이 결과물은 항목척도와 같이 숫자화하여 통계 분석한다.

　이 방법은 어린이에게 이상적인 방법이긴 하나 어린이들이 그림의 표정에서 밝은 표정을 본능적으로 좋아하고 슬픈 표정은 싫어하기 때문에 시료의 맛과 상관없이 혼란을 느끼게 된다. 그러므로 어린이들의 선호도를 판정하기 위해서는 좀더 세심한 주의가 필요하다.

이름 :　　　　　　　　　　　　날짜 :

(예 1)

앞에 놓인 시료를 먹어보고 가장 적절한 항목에 표시(∨)하여 주십시오.

대단히 좋아한다　　(　)　　　　　　아주 좋아한다　　　(　)

보통 좋아한다　　　(　)　　　　　　약간 좋아한다　　　(　)

좋지도 싫지도 않다　(　)　　　　　　약간 싫어한다　　　(　)

보통 싫어한다　　　(　)　　　　　　아주 싫어한다　　　(　)

대단히 싫어한다　　(　)

(예 2)

　　　앞에 놓인 시료를 먹어보고 해당항목에 표시(∨)를 하여 주십시오.

　　□　　□　　□　　□　　□　　□　　□　　□　　□

　대단히　　　　　　　좋지도　　　　　　　대단히

　싫어한다　　　　　　싫지도　　　　　　　좋아한다

　　　　　　　　　　　않다

(예 3)

앞에 놓인 시료를 먹어보고 좋아하거나 싫어하는 정도를 선상에 표시(/)하여 주십시오.

├────────────────┼────────────────┤

　대단히　　　　　　　　　　　　　　　　　　대단히

　싫어한다　　　　　　　　　　　　　　　　　좋아한다

그림 8-3 기호척도법의 설문지 예

이름 :   날짜 :

어린이에게 놓인 시료를 맛보게 하고 느낌을 아래 얼굴표정에 표시(∨ 또는 ○)
하게 하여 주십시오.

그림 8-4 어린이를 위한 기호 척도법

3) 순위법

순위법에 의한 기호도 검사는 차이식별검사에서의 순위법과 실시하는
방법은 같으나 평가하는 관능적 성질을 좋아하는 순위에 따라 검사한다는
면에서 다르다. 이 방법은 3~6개의 시료를 무작위적으로 제시하여 가장
좋아하는 시료부터 1, 2, 3…의 숫자를 기입하게 하는 것이다. 전체적 기
호도 뿐만 아니라 향미, 색, 텍스쳐 등 각 성질의 전반적 특성에 대하여
기호도 검사를 할 수 있으며 통계분석은 차이식별의 경우와 같이
Kramer(1974) 등의 순위법의 유의성 검토나 Basker(1988)의 최소유의차 표
에 의하여 쉽게 검토할 수 있다.

이름 :   날짜 :

주어진 시료의 맛을 보시고 가장 좋아하는 시료를 1, 그 다음은 2, 3, 4의 순위
로 해당되는 시료의 번호에 기입하여 주십시오.

    523   272   384   923   821
    ‾‾‾‾‾‾‾   ‾‾‾‾‾‾‾   ‾‾‾‾‾‾‾   ‾‾‾‾‾‾‾   ‾‾‾‾‾‾‾

의 견 :

그림 8-5 순위법에 의한 기호척도의 예(Ⅰ)

4) 적합성 판정법

소비자 조사에서 적합척도(just-about-right scale)를 이용하여 제품의 적
합성 정도를 판정하는 방법은 많이 사용하는 기호도 검사의 방법 중 하

나이다. 이 방법은 3개 또는 5, 7개의 척도를 사용하며 너무 강함, 너무 약함, 적합함 등의 강도를 사용하여 각각의 관능적 특성을 평가한다. 기호 척도법에 비교하여 척도의 간격이 균일하지 않고 의미가 확실치 않아 결과의 통계적 분석이 어려운 면이 있다.

이름 :　　　　　　　　　　　　　　　　날짜 :

제시된 제품에 대한 느낌을 각 특성별로 해당란에 표시(∨)하여 주십시오.

향(냄새)

☐	☐	☐	☐	☐
너무 약한	약한	적절한	강한	너무 강한

단맛

☐	☐	☐	☐	☐
너무 약한	약한	적절한	강한	너무 강한

색

☐	☐	☐	☐	☐
너무 약한	약한	적절한	강한	너무 강한

텍스쳐

☐	☐	☐	☐	☐
너무 약한	약한	적절한	강한	너무 강한

그림 8-6 순위법에 의한 기호도 검사 예(Ⅱ)

결과의 분석은 특성에 대한 각 척도별로 백분율(%)을 계산하는 방법과 그 응답분포에 대해 x^2검사를 하여 유의성을 검토한다.

2 소비자 기호도 조사의 장소

소비자의 기호도 또는 선호도 검사는 크게 실험실(laboratory), 중심지역(central location), 가정사용(home-use) 검사의 세 가지로 분류할 수 있으며 이들 검사의 장단점은 표 8-1과 같다.

표 8-1 소비자 기호도 조사 장소에 따른 종류

	실험실	중심지역	가정사용
소비자	회사원	일반인	회사원 또는 일반인
평가자수	25-50	100이상	50-100
제품수	2-5	2-4	1-2
검사종류	기호도, 선호도	기호도, 선호도	기호도, 선호도, 기타(시장성)
장점	관능검사실과 검사조건 조정으로 결과를 빨리 얻을 수 있음	많은 수의 패널요원 평가 가능	가정에서 실제로 섭취할 때의 조건하에서 가족 전원의 평가가능 시장조사(가격, 섭취 횟수 등)
단점	평가하는 제품에 대해 잘 알고 있음. 결과가 제한적임	검사조건이 일정치 않음 많은 수의 패널요원이 필요함	평가에 많은 시간이 필요함 검사조건을 같게 할 수 없음. 비용이 많이 듦

1) 실험실 검사(Laboratory test)

관능검사의 설비가 갖추어진 회사 개발 연구부서의 관능검사실에서 시행되는 기호도 또는 선호도검사가 가장 많이 사용되고 있는 검사이다.

이 검사는 기호도를 중심지역검사나 가정사용검사와 같은 광범위한 조사 전에 1차적으로 평가하고자 할 때 시행한다. 이 방법은 회사원을 이용하기 때문에 결과를 빠르게 검토할 수 있고 검사조건을 일정하게 조절할 수 있는 장점이 있다. 그러나 패널요원이 회사원이어서 제품에 대해 일반인보다 익숙해 있으므로 자기 회사의 생산제품이나 신제품이라고 생각될 때에는 좋은 점수를 주려는 경향이 있다. 또한 시료는 이미 준비된 것을 제시하므로 일반 소비자의 다양한 섭취 방법 조건을 재현할 수 없고, 섭취 횟수나 포장단위 등의 의견을 물을 수 없는 단점이 있다.

패널요원 수는 40~50명이 적절하며 시료는 불완전 블록법이나 균형기준으로 제시한다. 패널요원수가 적어 통계적 유의성 검토 결과의 신빙성은 적으나 선호도의 경향은 파악할 수 있다.

2) 중심지역검사(Central location test)

중심지역검사는 생산하고자 하는 제품의 시장성이 많다고 여겨지는 지역의 소비자들을 중심으로 조사하는 검사로 시장조사의 일환으로 실시할 수 있다. 상가나 시장, 백화점이 모여있는 장소에 검사설비를 갖춘 공간을 확보하여 실시하는 것이 일반적인데, 제품이 어린 학생들을 대상으로 한 것이면 학교의 운동장 한 공간을 사용하는 것도 좋은 방법이다. 검사대상 소비자 수는 지역당 50~300명이 적절하고, 시료제시는 소비자가 보는 앞에서 종이컵이나 접시에 담아 제공하며 시료의 기호는 상품명이 아닌 3자리 숫자로 표기해야 한다.

이 조사의 질문지는 간단하면서도 뜻이 확실해야 하며 그 예는 앞의 기호도/선호도 질문지를 참조하여 작성한다. 중심지역검사는 검사장소와 시설을 검사에 적절하게 설치할 수 있어 일정한 조건을 제시할 수 있으며 검사 중 소비자와 대화로 조사의 질문 내용을 설명할 수 있고, 여러 개의 제품에 대한 많은 수의 소비자 검사결과를 얻을 수 있는 장점이 있다. 단점으로는 앞의 실험실 검사와 같이 일정한 조건에서 준비된 시료를 제한하므로 소비자가 실제로 조리하거나 섭취하는 방법과 차이가 있을 수 있으며 검사 분위기가 산만하여 질문의 내용이 제한적이고 폭넓은 의견을 물을 수 없는 것이 어려운 점이다.

3) 가정사용검사(Home-use test)

가정사용검사는 결과적으로 기호도와 함께 소비자 조사를 할 수 있는 방법으로 소비자가 가정에서 조리하거나 섭취하는 방법을 그대로 하여 평가한다는 면에서 실험실 검사나 중심지역검사와 근본적으로 다르다. 이 검사는 가족전원의 의견을 알 수 있으며 기호도 외에 섭취 전의 조리과정, 섭취방법과 양, 섭취의 빈도, 가격과 포장의 크기 등을 조사할 수 있는 장점이 있다.

이 검사는 3~4개의 도시를 전국에서 선정하여 도시당 50~100가구를 대상으로 하며 조사하고자 하는 제품의 익숙한 정도에 따라 가구 수를 늘리거나 적게 할 수 있다. 가정에 보내는 제품 수는 1개 또는 2개가 적절하며 2개를 검사하고자 할 때 첫 번째 제품을 평가하게 하여 결과를 받은 뒤 다음 제품을 주어 평가하게 하는 것이 바람직하다. 한 제품의 평가기간은 4~7일의 충분한 시간을 주는 것이 평가의 신빙도를 높여 준다. 여기에서도 제품의 상표를 사용하지 않고 3자리 숫자로 표기해야 한다.

장점

① 가정에서 실제로 섭취하는 준비과정 및 섭취방법에서 평가할 수 있다.

② 평가시간이 충분하여 여러 번 섭취 후 평가하므로 신뢰도가 높다.

③ 조사대상을 통계적으로 선정할 수 있다.

④ 기호도 외에 다양한 자료(섭취 전 준비과정, 섭취방법과 양, 섭취횟수, 가격, 포장단위, 기타 관능적 특성에 대한 의견 등)를 얻을 수 있다.

단점

① 다른 방법보다 1~4주의 장시간이 필요하다.

② 중심지역검사보다 검사수가 적으며 가정에 직접 방문하고 제공하는 시료의 양이 많아 검사 비용이 많이 든다.

③ 검사에 대한 성의 부족으로 응답률이 낮을 수 있다.

④ 가정에서 섭취 시 다른 식품이 영향을 줄 수 있고 그 외의 생각하지 않았던 요인들이 결과에 영향을 줄 수 있다.

가정사용검사에서는 각 가정에 직접 방문하여 검사목적을 충분히 설명하고 협조정신을 갖도록 해야 하며 검사 중에도 전화하여 가족들의 성의를 확인하는 노력이 필요하다.

이름 :   날짜 :

주어진 제품에 대해 귀 가정에서 일상적으로 준비하는 방법대로 준비하신 후 드시고 난 다음 아래 사항을 평가하시기 바랍니다.

전체적 기호도

☐   ☐   ☐   ☐   ☐   ☐   ☐   ☐

대단히   좋지도   대단히
싫어한다   않지도 않다   좋아한다

냄새

☐   ☐   ☐   ☐   ☐   ☐   ☐   ☐

대단히   좋지도   대단히
싫어한다   않지도 않다   좋아한다

맛

☐   ☐   ☐   ☐   ☐   ☐   ☐   ☐

대단히   좋지도   대단히
싫어한다   않지도 않다   좋아한다

색

☐   ☐   ☐   ☐   ☐   ☐   ☐   ☐

대단히   좋지도   대단히
싫어한다   않지도 않다   좋아한다

텍스쳐(씹힘성)

☐   ☐   ☐   ☐   ☐   ☐   ☐   ☐

대단히   좋지도   대단히
싫어한다   않지도 않다   좋아한다

기타의견

섭취횟수

☐   ☐   ☐   ☐   ☐

3일에   2일에   하루   하루   하루
한번   한번   한번   두 번   세 번

1회 섭취량

☐   ☐   ☐   ☐   ☐

100g   150g   200g   250g   300g

그림 8-7 가정사용검사의 질문지 예

부록 I

 1. 아이스크림의 관능평가
 2. 아이스크림의 관능평가 예(향미)
 3. 네 가지 기본맛 및 화학적 감각요소 평가를 위한 강도척도점수
 4. 반고체 및 고체식품의 구강텍스처 특성에 대한 강도척도점수
 5. 향미프로필 예
 6. 캐러멜의 텍스처 프로필 검사표
 7. 과일즙을 함유한 주스의 정량적 묘사분석 평가표
 8. 소시지 텍스처 프로필 평가표
 9. 텍스처 프로필을 위한 패널 선정검사에 사용될 수 있는 시료들
10. 후각패널 선정에 사용된 표준냄새 물질
11. 두부의 묘사분석 패널선정을 위한 순위검사에 사용된 특성의 종류
    와 시료준비 및 제시방법
12. 두부의 정량적 묘사분석 패널요원의 예비교육에 사용된 특성 및
    표준시료
13. 소시지 제품의 텍스처 프로필을 위한 표준물질들
14. 쌀밥의 관능적 특성에 대한 표준물질
15. Cake류의 관능성격 평가절차 및 그 강도에 따른 표준 시료
16. 딸기의 정량적 향미분석에 사용되는 향미 특성 및 표준물질
17. 캐러멜의 정량적 향미분석에 사용되는 향미특성 및 표준물질

부 록

1. 아이스크림의 관능평가(Chandan, 1980; van slyke, 1979)

Ice cream score card

Product : _____   Date : _____

Flavor : _____

Criticism		1	2	3	4	5	6	7	8	9	10
Flavor 10 Score ▶											
NO Criticism = 10	Flavoring system Lacks fine flavor Lacks flavoring Too high flavor Unnatural flavor										
Unsalable = 0	Sweeteners Lacks sweetness Too sw Syrup flavor										
Normal Range = 1-10	Processing Cooked Dairy ingredients Acid Salty Lacks freshiness Old ingredient Oxidized Metallic Rancid Whey										
	Others Storage(absorbed) Stabilizer/emulsifier Neutralizer Foreign										
Body & Texture 5 Score ▶											
No Criticism = 10 Unsalable = 0 Normal Range = 1-5	Coarse/Icy Crumbly Fluffy Gummy Sandy Soggy Weak										
Color, Appearance & Pakage 5 Score ▶											
No Criticism = 5 Unsalable = 0 Normal Range = 1-5	Dull Color Non-uniform color Too high color Too pale color Unnatural color Damaged container Defective seal Ill-shaped container Soiled container(Diet) Soiled container(Product) Under filled Over filled										
Melting quality 3 Score ▶											
No criticsm = 3 Unsalable = 0 Normal Range = 1-3	Curdy Does not melt Flaky Foamy Watery Wheyed off										
Bacterial Content 2 Score ▶											
	Standard plate count Coliform count										
Total 25	Total score of each sample Total solids Fat content New weight (Lbs/Gal) Overrun										

Signiture(S) of evaluators : _____

2. 아이스크림의 관능평가 예(Wilster, 1980; Vanslyke, 1979)

I. Off-flavors due to the ingredients used:

  A. The flavoring system :
    1. Lacks (deficient)
    2. Lacks fine flavor(harsh, lacks balance)
    3. Too high(excessive)
    4. Unnatural(atypical)

  B. Sweetners :
    1. Lacks sweetness
    2. Too sweet
    3. Syrup flavor(malty, Karo-like)

  C. Dairy products :
    1. Acid(sour)
    2. Cooked(rich, nutty, eggy)
    3. Lacks freshness(stale)
    4. Old ingredient
    5. Oxidized(cardboardy, metallic)
    6. Rancid(lipolytic)
    7. Salty
    8. Whey(graham cracker-like)

  D. Other ingredients :
    1. Eggs(eggy)
    2. Stabilizer/Emulsifier
    3. Nonmilk food solids

II. Off-flavors due to chemical changes(in the mix or product):
    1. Lacks freshness(stale, old)
    2. Rancid(lipolytic)
    3. Oxidized(cardboardy, metallic)
    4. Storage

III. Off-flavors due to mix processing:
    1. Cooked(rich, nutty, eggy)
    2. Caramelized/Scorched

IV. Off-flavors due to microbial growth in the mix:
    1. Acid(sour)
    2. Psychrotrophic(fruity/fermented, cheesy, musty, unclean)

V. Off-flavors due to other causes:
    1. Foreign contaminants
    2. Neutralizer

3. 네 가지 기본 맛 및 화학적 감각요소 평가를 위한 강도 척도 점수
(Meilgaard, 1992, Hill Top Research, Inc)

표준시료(제품명, 회사명)	단맛	짠맛	신맛	쓴맛
미국 치즈(American cheese, Kraft)		7	5	
사과 소스(Apple sauce, Natural, Mott)	5		4	
사과 소스(Apple sauce, Regular, Mott)	8.5		2.5	
껌(Big red gum, Wrigley)	11.5			2
쿠키(Bordeaux cookies, Pepperidge farm)	12.5		5	5
카페인 용액(Caffeine solution)				10
0.05 %			2	15
0.08 %			5	9
0.15 %			10	4
0.20 %			15	
셀러리 씨(Celery seed)				
초콜릿 바(Citric bar, Hershey)	10			
구연산 용액(Citric acid solution)				7
0.05 %			3	
0.08 %			7	2
0.15 %			1	
0.20 %			13	2
코카콜라(Coca cola classic)	9		10	
꽃상추(Endive, Raw)		12	15	
프루트 펀치(Fruit punch, Hawaiian)	10		5.5	
포도 주스(Grape juice, Welch's)	6		3	
포도 음료(Grape Kood Aid)	10	8		
자몽 주스-병제품(Grapefruit juice, Kraft)	3.5			
오이 피클(Kosher dill pickle, Vlasic)		2.5		
레몬 주스(Lemon juice, ReaLemon)		5		
레모네이드(Lemonade, Country Time)	7	8.5		
마요네즈(Mayonnaise, Hellman's)		15	7.5	
소금용액(NaCl solution)			2	
0.2 %		5		8
0.35 %				
0.5 %		9.5		
0.7 %		8.5		
갓 짜낸 오렌지 주스	6	8		
오렌지 소다(Soda, Orange Crush)	10.5	5		
냉동 농축 오렌지 주스-보원된(Frozen orange concentrate)	5.5			
감자 칩(Potato chips, Frito Lay)			8	
감자 칩(Potato chips, Pringels)	4		4.5	
리즈 크래커(Ritz cracker, Nabisco)				
소다 크래커(Soda cracker, Premium)	8			
스파게티 소스(Spaghetti sauce, Ragu)				
설탕용액(Sucrose solution)	2			
2.0 %	5			
5.0 %	10			
10.0 %	15	9.5		
16.0 %	8.5	8		
단 오이 피클(Sweet pickle, Vlasic)	9.5			
농축 오렌지 주스(Orange concentrate, Tang)				
1시간 동안 우려낸 차				
크래커(Triscuit Nabisco)				
야채 주스(V-8, Campbell)				

표준시료(제품명, 회사명)	떫은 감각		
포도 주스(Grape juice, Welch's)	6.5		
1시간 동안 우려낸 차	6.6		

4. 반고체 및 식품의 구강텍스쳐 특성에 대한 강도 척도 점수
(Meilgaard, 1992, Hill Top Reseach, Inc)

◎ 반고체식품

1. 미끌거림(Slipperiness)

척도점수	기준시료	상표, 유형, 제조회사	시료 크기
2.0	이유식-쇠고기(Baby food-Beef)	Gerber	1oz
3.5	이유식-완두콩(Baby food-Peas)	Gerber	1oz
7.5	바닐라 요구르트(Vanilla yogurt)	Whitney's	1oz
11.0	Sour cream	Breakstone	1oz
13.0	휘핑크림(Miracle whip)	Kraft-General Foods	1oz

2. 견고성(Firmness)

척도점수	기준시료	상표, 유형, 제조회사	시료 크기
3.0	분무형 휘핑크림(Aerosol whipped cream)	Redi-whip	1oz
5.0	휘핑크림(Miracle whip)	Kraft	1oz
8.0	치즈 크래커(Cheese whiz)	Kraft	1oz
11.0	땅콩 버터(Peanut butter)	CPC best food	1oz
14.0	크림 치즈(Cream cheese)	Kraft-philadelphia light	1oz

3. 응집성(Cohesiveness)

척도점수	기준시료	상표, 유형, 제조회사	시료 크기
1.0	인스턴트 젤라틴 후식 (Gelatin dessert instant jello)	Kraft-General foods	(1/2 in)3
5.0	인스턴트 바닐라 푸딩 (Instant vanilla pudding jello)	Kraft-General foods	1oz
8.0	이유식-바나나 (Baby food-Bannanas)	Gerber beechnut	1oz
11.0	타피오카 푸딩(Tapioca pudding)	Canned	1oz

4. 조밀도(Denseness)

척도점수	기준시료	상표, 유형, 제조회사	시료 크기
1.0	분무형 휘핑크림	Redi-whip	1oz
2.5	마쉬멜로우 플러프 (Mashmallow fluff)	Fluff	1oz
5.0	초콜렛 바 내부의 누가 (Nougat center)	3 Musketeers Bar/M & M-Mars	(1/2in)3
13.0	크림치즈(Cream cheese)	Kraft-Philadelphia Light	(1/2 in)3

부록

5. 입자의 양(Particle amount)

척도점수	기준시료	상표, 유형, 제조회사	시료크기
0.0	휘핑크림(Miracle whip)	Krart-General foods	1 oz
5.0	Sour cream 및 인스턴트 밀죽	Breakstone	1 oz
	(Sourt cream & inst cream of wheat)	Nabisco	1 oz
	마요네즈 및 옥수수가루		
10.0	(Mayonnaise & corn flour)	Hellman's & Argo	1 oz

6. 입자의 크기(Particle size)

척도점수	기준시료	상표, 유형, 제조회사	시료크기
0.5	기름기 적은 크림(Lean cream)	Sealtest	1 oz
3.0	옥수수 전분(Corn starch)	Argo	1 oz
10.0	Sour cream 및 인스턴트 밀죽	Breakstone	1 oz
	(Sour cream & inst. cream of wheat)	Nabisco	1 oz
15.0	유아용 쌀곡분(Baby rice cereal)	Gerbers	1 oz

7. 입안 코팅(Mouth coating)

척도점수	기준시료	상표, 유형, 제조회사	시료크기
3.0	익힌 옥수수 전분	Argo	1 oz
	(Cooked corn starch)		
8.0	감자 퓨레(Pureed potato)		1 oz
12.0	가루 치약(Tooth powder)	입수 가능한 상표	1 oz

◎고체 식품

1. 껄끄러운 정도의 표준척도(Standard roughness scale)

척도점수	기준시료	상표, 유형, 제조회사	시료크기
0.0	젤라틴 후식(Gelatin dessert)	Jello	2큰술
5.0	오렌지 껍질(Orange peel)	싱싱한 오렌지에서 벗긴 껍질	1/2 조각
8.0	감자 칩(Potato chips)	Pringles	5개
12.0	딱딱한(Granola bar)	Quaker oats	1/2 bar
15.0	호밀 제병(Rye wafer)	Finn Crip	(1/2 in)2

기술 : 시료를 집어 입에 넣은 채 입술과 혀로 평가하고자 하는 표면(Surface)을 느낌
정의 : 표면에서 느껴지는 입자(particles)의 양
매끄러운 (smooth)-------------------------------껄끄러운 (rough)
* 껄끄러운 정도의 척도는 표면에서의 고르지 않은 입자의 양을 측정한다. 이것은 작거나 (백묵질, chalky), 가루(powdery), 중간이거나(과립상, grainy) 혹은 클(울퉁불퉁, bumpy) 수도 있다.

5. 향미 프로필 예

다음의 시료들을 왼쪽부터 맛보고 나열된 특성에 대해)(-3의 강도 척도[ )(: 한계값, 1 : 약한, 2 : 보통의, 3 : 강한]를 사용하여 평가하시오.

특 성	시료번호	
냄새		
전체냄새		
향미		
전체향미		

의견 :

감사합니다.

6. 카라멜의 텍스쳐 프로필 검사표(Mŭnoz, 1992)

시료번호 _____   _____

I. 첫 번 씹음 : 시료를 어금니 사이에 놓고 한 번 씹은 후 다음에 대해 평가하시오.

_____   _____
_____   _____
_____   _____
_____   _____

II. 연속 씹음 : 시료를 어금니 사이에 놓고 연속해서 씹은 후 다음에 대해 평가하시오.

_____   _____
_____   _____
_____   _____
_____   _____
_____   _____
_____   _____
_____   _____

III. 파쇄

파쇄양상 묘사 : 파쇄시에 발생하는 변화를 묘사하시오.

IV. 삼킴 : 시료를 삼킨 후 다음에 대해 평가하시오.

_____   _____
_____   _____
_____   _____

〈보기〉

0 : 없음,)(: 겨우 감지됨,)(-1 : 매우 약간, 1 : 약간, 1-2 : 약간-보통, 2 : 보통, 2-3 : 보통-많이,
3 : 많이, 강한, 대단히

7. 과일즙을 함유한 주스의 정량적 묘사분석 평가표

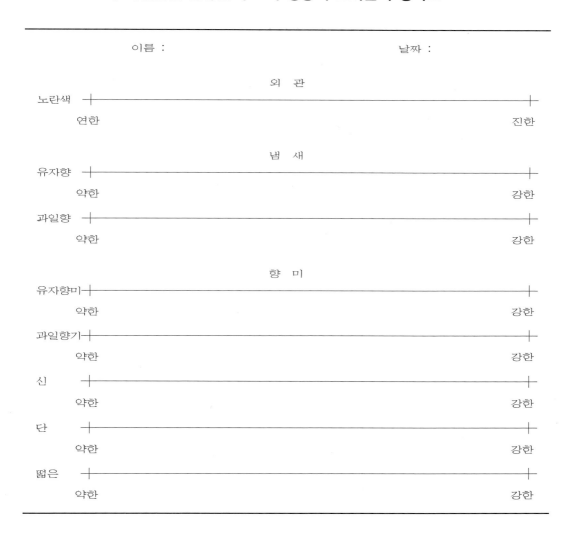

이름 :   날짜 :

외 관

노란색 ├────────────────────────────────┤
　　연한　　　　　　　　　　　　　　　　　　진한

냄 새

유자향 ├────────────────────────────────┤
　　약한　　　　　　　　　　　　　　　　　　강한

과일향 ├────────────────────────────────┤
　　약한　　　　　　　　　　　　　　　　　　강한

향 미

유자향미 ├───────────────────────────────┤
　　약한　　　　　　　　　　　　　　　　　　강한

과일향기 ├───────────────────────────────┤
　　약한　　　　　　　　　　　　　　　　　　강한

신 ├────────────────────────────────┤
　　약한　　　　　　　　　　　　　　　　　　강한

단 ├────────────────────────────────┤
　　약한　　　　　　　　　　　　　　　　　　강한

떫은 ├────────────────────────────────┤
　　약한　　　　　　　　　　　　　　　　　　강한

8. 소시지 텍스쳐 프로필 평가표(김 등, 1995)

시료의 각 특성을 저작 순서에 따라 평가하시오.

특 성	A	B
1단계 　1) 탄성(Elasticity)		
2단계 　2) 표면의 촉촉함(Surface moisture) 　3) 표면의 매끄러움(Surface smoothness)		
3단계 　4) 내부경도(Center hardness) 　5) 껍질이 질긴 정도(Skin toughness) 　6) 응집성(Cohesiveness) 　7) 조밀도(Denseness)		
4단계 　8) 씹는 횟수(Number of chews) 　9) 수분방출(Moisture release) 　10) 덩어리 응집성(Cohesiveness of mass) 　11) 덩어리상(Lumpiness) 　12) 과립상(Graininess) 　13) 껍질의 분리도(Skin seperation)		
5단계 　14) 기름짐(Oiliness)		

9. 텍스쳐 프로필을 위한 패널 선정검사에 사용될 수 있는 시료들

특성	시료, 크기 및 제시온도
경도	Philadelphia brand cream cheese : 12.7mm cubes, 7~13℃ Kraft American cheese : 12.7mm cubes, 7~13℃ Durkee exquisite giant-size oilve(살며시 눌러 올리브 속에 장식으로 채워져 있는 고추 제거) : 10~16℃ 당근(날것) : 두께 12.7mm, 지름 25.4mm, 상온 Charm brand hard candy : 사각 모양
점도	물 : 상온 고지방 크림(heavy cream) : 7~13℃ 단풍시럽(maple syrup) : 7~13℃ Hershey brand chocolate syrup : 7~13℃ Magnolia 표 가당 농축 우유 : 7~13℃
기하학적 특성들	즉성 Cream of wheat : 포장에 있는 지시대로 준비 닭고기 통조림 건조 혼합상태의 whipped topping : 포장에 있는 지시대로 준비 조리 냉동된 haddock Tapioca pudding 통조림 혹은 dry mix

10. 후각패널 선정에 사용된 표준 냄새 물질

Chemicals	Log dilution ratio	Odor characteristics
Beta-phenyl ethyl alcohol	-5	Flower
Methyl cyclopentenorone	-4	Caramel
Isovaleric acid	-4.5	Putrid
Gama-undecalactone	-4.5	Canned peach
Scatole	-5	Vegetable waste
Liquid paraffin	1	Odorless

11. 두부의 묘사 분석 패널선정을 위한 순위 검사에 사용된 특성의 종류와 시료 준비 및 제시방법(서 등, 1999)

특성		시료 내역	시료 준비 및 제시방법
단맛	1차검사	1, 2, 3 & 4% 설탕용액	30ml씩 컵에 담아 실온에서 제시
	2차검사	1, 1.5, 2 & 2.5% 설탕용액	
짠맛	1차검사	2, 3, 4 & 5% 소금용액	상동
	2차검사	2, 2.5, 3 & 3.5% 소금용액	
신맛	1차검사	0.03, 0.04, 0.05 & 0.06% 구연산 용액	상동
	2차검사	0.03, 0.035, 0.04 & 0.045% 구연산 용액	
쓴맛	1차검사	0.01, 0.02, 0.03 & 0.04% 카페인 용액	상동
	2차검사	0.01, 0.02, 0.025& 0.04% 카페인 용액	
경도	1차검사	풀무원 연두부, 찌개두부 & 골드두부, 초당두부	$2 \times 2 \times 2cm^3$의 크기로 자른 시료를 접시에 담아 제시
	2차검사	상동	
표면 매끄러움	1차검사	풀무원 청포묵, 롯데 프랑크 소시지, 오리온 감자 칩 & 썬칩	묵은 $2 \times 2 \times 2cm^3$, 소시지는 2cm의 길이로 자르고, 칩 종류는 모양이 온전한 것을 1개씩 접시에 담아 제시
	2차검사	감자 칩(오리온, Pringles), 오리온 엑서스 & 썬칩	
탄성	1차검사	해태 모닝버터, 풀무원 골드두부 & 도토리묵, 삼호 찰어묵	$2 \times 2 \times 2cm^3$의 크기로 자른 시료를 접시에 담아 제시
	2차검사	해태 모닝버터, 풀무원 찌개두부 & 도토리묵, 청포묵	
두유 향미	1차검사	100, 90, 80 & 70% 두유 희석액	일정량의 물로 희석한 두유액을 30ml씩 컵에 담아 실온에서 제시
	2차검사	100, 95, 90 & 85% 두유 희석액	
땅콩 냄새	1차검사	0.1, 0.2, 0.3 & 0.45% 땅콩향료 용액	일정량의 땅콩향료를 첨가한 용액을 뚜껑 있는 vial에 30ml씩 담아 제시
	2차검사	0.1, 0.2, 0.3 & 0.4% 땅콩향료 용액	
고소한 향미	1차검사	0, 0.1, 0.2 & 0.3%의 콩 볶은 향료액에 담근 두부	콩 볶은 향료를 첨가한 용액에 16시간 동안 담근 $1 \times 2 \times 1cm^3$크기의 두부-물기를 제거한 후 컵에 3개씩 넣고 뚜껑을 덮어서 제시
	2차검사	상동	

12. 두부의 정량적 묘사 분석 패널요원의 예비 교육에 사용된 특성 및 표준시료(서 등, 1999)

특성			표준시료
향미			마늘 추출액, 생강, 후추, 계피가루, 대추 추출액, peppermint oil, orange oil, euganol, cis-3-hexanol, vanilline, peanut flavoring, 쌀가루 등
텍스쳐	기계적	표준경도	크림치즈〈조리된 난백〈frankfurter〈block형 가공 치즈〈땅콩〈당근〈사탕
		표준 탄성	크림치즈〈frankfruter〈marshmallow〈젤라틴젤
		점성	물〈고지방 크림〈단풍시럽〈허쉬초콜릿 시럽〈마요네즈 1/2컵과 고지방 크림 2tbs의 혼합물〈가당 연유
		씹힘성	호밀식빵〈frankfurter〈peanut chew〈tootsie roolls
		껄끄러운 정도	젤라틴 후식〈신선한 오렌지 껍질〈감자 칩
		촉촉한 정도	당근〈사과〈햄〈물
		입술 부착성	체리토마토〈뻥튀기
		표준 부착성	마가린〈크림치즈〈땅콩버터
		수분흡수정도	팝콘〈감자 칩〈소다 크래커
		덩어리 응집성	당근〈frankfurter〈block형 가공 치즈
		이에 박히는 정도	당근〈block형 가공치즈〈사탕
	기하하적	박편상	파이
		섬유질상	셀러리
		팽화상	뻥튀기
		펄프상	껍질 벗긴 바나나

13. 소시지 제품의 텍스쳐 프로필을 위한 표준 물질들(김 등, 1995)

1. 탄성(Elasticity)

척도	표준시료	회사명/준비방법	크기
0	모닝버터	해태제과	$2 \times 2 \times 2 cm^3$
2-3	어묵	삼호어묵	$2 \times 2 \times 1 cm^3$

2. 표면의 촉촉함(Surface moisture)

척도	표준시료	회사명/준비방법	크기
0	참 크래커	크라운제과	1개
1	치즈 스파이스	해태제과/랩으로 용기를 덮어서 제시	$2 \times 2 cm^2$
3	단감	껍질을 벗긴 신선한 과일-랩으로 용기를 덮어서 제시	$22 \times 2 cm x^3$

3. 표면의 매끄러움(Surface smoothness)

척도	표준시료	회사명/준비방법	크기
)(	감자칩	Pringles, 미국	1개
1	귤껍질	껍질표면	$2 \times 2 cm^2$
3	젤라틴 젤	Knox, 미국/지시된 방법으로 제조 젤라틴 2봉지+오렌지주스 2컵	$2 \times 2 \times 2 cm^3$

4. 내부경도(Center hardness)

척도	표준시료	회사명/준비방법	크기
)(	연두부	풀무원식품	$2 \times 2 \times 2 cm^3$
2	런천미트	다크포크, 미국	$2 \times 2 \times 2 cm^3$
3	단감	껍질을 벗긴 신선한 과일-랩으로 용기를 덮어서 제시	

5. 껍질의 질긴 정도(Skin toughness)

척도	표준시료	회사명/준비방법	크기
)(	도토리묵	풀무원식품	$2 \times 2 \times 2 cm^3$
3	사과	껍질 포함한 신선한 과일-랩으로 용기를 덮어서 제시	$2 \times 2 \times 2 cm^3$

6. 응집성(Cohesiveness)

척도	표준시료	회사명/준비방법	크기
)(3	콘 머핀 말린 살구	크라운베이커리 수입산, 터키	$2\times2\times2cm^3$

7. 조밀도(Denseness)

척도	표준시료	회사명/준비방법	크기
)(2-3	카스테라 맛살, 김밥도시락용	삼립식품 오양맛살	$2\times2\times2cm^3$ 길이 3cm

8. 수분방출(Moisture release)

척도	표준시료	회사명/준비방법	크기
0	참크래커	크라운 제과	1조각
2-3	단감	껍질을 벗긴 신선한 과일-랩으로 용기를 덮어서 제시	$2\times2\times2cm^3$
3	사과	껍질을 벗긴 신선한 과일-랩으로 용기를 덮어서 제시	$2\times2\times2cm^3$

9. 덩어리 응집성(Cohesiveness of mass)

척도	표준시료	회사명/준비방법	크기
)(	어묵	삼호어묵	$2\times2\times2cm^3$
1	맛살, 김밥도시락용	오양맛살	길이 3cm
3	치즈 스파이스	해태제과/랩으로 용기를 덮어서 제시	$2\times2\times2cm^3$

10. 덩어리상(Lumpiness)

척도	표준시료	회사명/준비방법	크기
)(	연두부	풀무원식품	$2\times2\times2cm^3$
2	런천미트	다크포크, 미국	$2\times2\times2cm^3$
3	어묵	삼호어묵	$2\times2\times2cm^3$

11. 과립상(Graininess)

척도	표준시료	회사명/준비방법	크기
)(	양갱	해태제과	$2 \times 2 \times 2cm^3$
3	다이제스티브	오리온제과	1개

12. 껍질의 분리도(Skin seperation)

척도	표준시료	회사명/준비방법	크기
2	말린 살구	수입산, 터키	1개
3	사과	껍질 포함한 신선한 과일-랩으로 용기를 덮어서 제시	$2 \times 2 \times 2cm^3$

13. 기름짐(Oiliness)

척도	표준시료	회사명/준비방법	크기
)(	연두부	풀무원식품	$2 \times 2 \times 2cm^3$
2	런천미트	다크포크, 미국	$2 \times 2 \times 2cm^3$

14. 쌀밥의 관능적 특성에 대한 표준 물질(박 등, 2000)

관능적 특성	표준 물질	
	약	강
외관(appearance)		
색깔(color)	백지(white paper)	현미밥(가수량 1.7배)
윤기(glossiness)	생쌀(raw rice)	찹쌀밥(가수량 1.1배)
향미(flavor)		
삶은 달걀 흰자 향미		삶은 달걀 흰자
구수한 향미		강냉이
우유 향미		멸균 우유
생쌀의 향미		생쌀
젖은 마분지 향미		젖은 마분지
볏짚 향미		볏짚
금속성 향미		스테인리스 수지
단맛		2.0% 설탕용액
쓴맛		0.05% 카페인 용액
텍스쳐		
뭉치는 정도	현미밥(가수량 1.7배)	찹쌀밥(가수량 1.1배)
부착성	현미밥	찹쌀밥
껄끄러운 정도	스틱치즈	현미밥
경도	두부	소시지
응집성	삶은 달걀 흰자	찹쌀밥
내부 촉촉함	식빵	두부
덩어리 응집성	어묵	찹쌀밥
씹힘성	햄	프랑크푸르트 소시지
이에 박히는 정도	도토리묵	식빵
입안에 남는 정도	도토리묵	식빵

15. Cake류의 관능성격 평가 절차 및 그 강도에 따른 표준 시료
(Bramesco, 1990)

경도(Firmness)

■ 방법 : 시료를 어금니 사이에 넣고 완전히 누른다.

■ 정의 : 시료를 완전히 깨물 때 소요되는 힘을 말한다.

강도	제품(상품명)	제조원	크기
낮다 높다	식빵(wonder bread) 토스트 white melba toast	Continental baking Old london foods borden Inc.	1 in. cub 1/4 piece

촉촉함성(Moistness)

■ 방법 : 입술을 준비된 냅킨으로 닦아낸 후, 두 입술로 시료를 살며시 문다.

■ 정의 : 제품의 표면에서 느껴지는 습기/차가운 정도

강도	제품(상품명)	제조원	크기
낮다 높다	Premium saltine cracker, unsalted top Cornbread	Nabisco brands Inc. Good foods Inc.	1/4 cracker 3/4 in.cube

16. 딸기의 정량적 향미분석에 사용되는 향미 특성 및 표준 물질
(Stampanoni, 1993)

(TA＝Triacetin, PG＝Propylene glycol, VO＝vegetable, CH＝Switzerland)

Fruity-green	Trans-2-hexenal(0.5% TA)
Grass-greeen	Cis-3-hexenol(1% PG)
Ripe-fruity	Ethyl-butyrate(1% PG)
Jammy-cooked	Strawberry juice concentrate(pure)
Floral	Strawberry Jam 42% fruit(migro-brand. CH)
Estery-candy	Linalool(1% PG)+Hedione(0.1% PG), 1:1
Raisin	Amyi-sioacetate(1% PG)
Sweet-cotton candy	Davada Cil(1% PG)
Vanilla	UHT cream 35% FAT(Valflora-bran. CH)
Buttery	Cola-infusion in ethanol(pure)
Creamy	Methy-lanthranylate(1% PG)
Musty	Acetaldehyde(10ppm H2O)(8% Mouth)
Methyl-anthranilate	Black Tea(lipton, Yellow Lasel Qualllity No. 1) 3
Juicy	mouths old
Hay-like	Hay-oly(10% VO)
Lactony	Gamma-decalactone(1% PG)
Jammy-cooked	
Other notes	

17. 카라멜의 정량적 향미분석에 사용되는 향미 특성 및 표준 물질 (Stampanoni, 1993)

Creamy	UHT cream 35% FAT(valflora-brand)
Buttery	Diacetyl(1% PG)
Condensed milk	Condensed milk(sweetened, migros-brand)
Lactony	Delta-decalactone(1% PG)
Coconut	Gamma-nonalactone(1% PG)
Walnut	Fresh walnuts(sunray-brand, US)
Powdery	Norknorrli by Givauan-roure(0.1% PG)
Vanilla	Heliotropin(10% PG, Warm up to slove)
Coumarin	Ethyl-vanillin(pure)
Burnt sugar(sugary)	Dihydro-coumarin(1% PG)
Burt-smoky	Homofuronol(20% PG)
Roasted	5-methyl furfural(5% PG)
Citrus	2-ethyl-3, 50R6-dimethyl pyrazine(0.1% PG)
Rum/alcoholic	Lemon oil italy(
Honey	
Creamy & condensed milk other notes	

부록 II

Ⅰ. x^2-분포표

Ⅱ. 이점검사의 유의성 검정표($p=1/2$)

Ⅲ. 이점검사의 유의성 검정표($p=1/3$)

Ⅳ. Basker(1988)에 의한 순위법 유의성 검정표(5%)

Ⅴ. Basker(1988)에 의한 순위법 유의성 검정표(1%)

Ⅵ. 순위법의 유의성 검정표(5%)

Ⅶ. 순위법의 유의성 검정표(1%)

Ⅷ. Scores for ranked data\

Ⅸ. F-분포표(5%)

Ⅹ. F-분포표(1%)

Ⅺ. multiple F Test (5%)

Ⅻ. multiple F Test (1%)

ⅩⅢ. Students´t-분포표

Ⅰ. χ^2-분포표

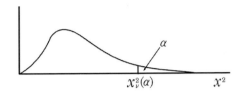

d.f. ν	α								
	.990	.950	.990	.500	.100	.050	.025	.010	.005
1	.0002	.004	.02	.45	2.71	3.84	5.02	6.63	7.88
2	.02	.10	.21	1.39	4.61	5.99	7.38	9.21	10.60
3	.11	.35	.58	2.37	6.25	7.81	9.35	11.34	12.84
4	.30	.71	1.06	3.36	7.78	9.49	11.14	13.28	14.86
5	.55	1.15	1.61	4.35	9.24	11.07	12.83	15.09	16.75
6	.87	1.64	2.20	5.35	10.64	12.59	14.45	16.81	18.55
7	1.24	2.17	2.83	6.35	12.02	14.07	16.01	18.48	20.28
8	1.65	2.73	3.49	7.34	13.36	15.51	17.53	20.09	21.95
9	2.09	3.33	4.17	8.34	14.68	16.92	19.02	21.67	23.59
10	2.56	3.94	4.87	9.34	15.99	18.31	20.48	23.21	25.19
11	3.05	4.57	5.58	10.34	17.28	19.68	21.92	24.72	26.76
12	3.57	5.23	6.30	11.34	18.55	21.03	23.34	26.22	28.30
13	4.11	5.89	7.04	12.34	19.81	22.36	24.74	27.69	29.82
14	4.66	6.57	7.79	13.34	21.06	23.68	26.12	29.14	31.32
15	5.23	7.26	8.55	14.34	22.31	25.00	27.49	30.58	32.80
16	5.81	7.96	9.31	15.34	23.54	26.30	28.85	32.00	34.27
17	6.41	8.67	10.09	16.34	24.77	27.59	30.19	33.41	35.72
18	7.01	9.39	10.86	17.34	25.99	28.87	31.53	34.81	37.16
19	7.63	10.12	11.65	18.34	27.20	30.14	32.85	36.19	38.58
20	8.26	10.85	12.44	19.34	28.41	31.41	34.17	37.57	40.00
21	8.90	11.59	13.24	20.34	29.62	32.67	35.48	38.93	41.40
22	9.54	12.34	14.04	21.34	30.81	33.92	36.78	40.29	42.80
23	10.20	13.09	14.85	22.34	32.01	35.17	38.08	41.64	44.18
24	10.86	13.85	15.66	23.34	33.20	36.42	39.36	42.98	45.56
25	11.52	14.61	16.47	24.34	34.38	37.65	40.65	44.31	46.93
26	12.20	15.38	17.29	25.34	34.56	38.89	41.92	45.64	48.29
27	12.88	16.15	18.11	26.34	36.74	40.11	43.19	46.96	49.64
28	13.56	16.93	18.94	27.34	37.92	41.34	44.46	48.28	50.99
29	14.26	17.71	19.77	28.34	39.09	42.56	45.72	49.59	52.34
30	14.95	18.49	20.60	29.34	40.26	43.77	46.98	50.89	53.67
40	22.16	26.51	29.05	39.34	51.81	55.76	59.34	63.69	66.77
50	29.71	34.76	37.69	49.33	63.17	67.50	71.42	76.15	79.49
60	37.48	43.19	46.46	59.33	74.40	79.08	83.30	88.38	91.95
70	45.44	51.74	55.33	69.33	85.53	90.53	95.02	100.43	104.21
80	53.54	60.39	64.28	79.33	96.58	101.88	106.63	112.33	116.32
90	61.75	69.13	73.29	89.33	107.57	113.15	118.14	124.12	128.30
100	70.06	77.93	82.36	99.33	118.50	124.34	129.56	135.81	140.17

Ⅱ. 이점검사의 유의성 검정표($p=1/2$)

검사자 수	단측검정			양측 검정		
	최소 정답수			최소 정답수		
	$\alpha=0.05$ (*)	$\alpha=0.01$ (**)	$\alpha=0.001$ (***)	$\alpha=0.05$ (*)	$\alpha=0.01$ (**)	$\alpha=0.001$ (***)
7	7	7	-	7	-	-
8	7	8	-	8	8	-
9	8	9	-	8	9	-
10	9	10	10	9	10	-
11	9	10	11	10	11	11
12	10	11	12	10	11	12
13	10	12	13	11	12	13
14	11	12	13	12	13	14
15	12	13	14	12	13	14
16	12	14	15	13	14	15
17	13	14	16	13	15	16
18	13	15	16	14	15	17
19	14	15	17	15	16	17
20	15	16	18	15	17	18
21	15	17	18	16	17	19
22	16	17	19	17	18	19
23	16	18	20	17	19	20
24	17	19	20	18	19	21
25	18	19	21	18	20	21
26	18	20	22	19	20	22
27	19	20	22	20	21	23
28	19	21	23	20	22	23
29	20	22	24	21	22	24
30	20	22	24	21	23	25
31	21	23	25	22	24	25
32	22	24	26	23	24	26
33	22	24	26	23	25	27
34	23	25	27	24	25	27
35	23	25	27	24	26	28
36	24	26	28	25	27	29
37	24	27	29	25	27	29
38	25	27	29	26	28	30
39	26	28	30	27	28	31
40	26	28	31	27	29	31
41	27	29	31	28	30	32
42	27	29	32	28	30	32
43	28	30	32	29	31	33
44	28	31	33	29	31	34
45	29	31	34	30	32	34
46	30	32	34	31	33	35
47	30	32	35	31	33	36
48	31	33	36	32	34	36
49	31	34	36	32	34	37
50	32	34	37	33	35	37
51	32	35	37	33	36	38
52	33	35	38	34	36	39
53	33	36	39	35	37	39

Ⅱ. 이점검사의 유의성 검정표(계속)

검사자 수	단측검정			양측 검정		
	최소 정답수			최소 정답수		
	$\alpha=0.05$ (*)	$\alpha=0.01$ (**)	$\alpha=0.001$ (***)	$\alpha=0.05$ (*)	$\alpha=0.01$ (**)	$\alpha=0.001$ (***)
54	34	36	39	35	37	40
55	35	37	40	36	38	41
56	35	38	40	36	39	41
57	36	38	41	37	39	42
58	36	39	42	37	40	42
59	37	39	42	38	40	43
60	37	40	43	39	41	44
61	38	41	43	39	41	44
62	38	41	44	40	42	45
63	39	42	45	40	43	45
64	40	42	45	41	43	46
65	40	43	46	41	44	47
66	41	43	46	42	44	47
67	41	44	47	42	45	48
68	42	45	48	43	46	48
69	42	45	48	44	46	49
70	43	46	49	44	47	50
71	43	46	49	45	47	50
72	44	47	50	45	48	51
73	45	47	51	46	48	51
74	45	48	51	46	49	52
75	46	49	52	47	50	53
76	46	49	52	48	50	53
77	47	50	53	48	51	54
78	47	50	54	49	51	54
79	48	51	54	49	52	55
80	48	51	55	50	52	56
81	49	52	55	50	53	56
82	49	52	56	51	54	57
83	50	53	56	51	54	57
84	51	54	57	52	55	58
85	51	54	58	53	55	59
86	52	55	58	53	56	59
87	52	55	59	54	56	60
88	53	56	59	54	57	60
89	53	56	60	55	58	61
90	54	57	61	55	58	61
91	54	58	61	56	59	62
92	55	58	62	56	59	63
93	55	59	62	57	60	63
94	56	59	63	57	60	64
95	57	60	63	58	61	64
96	57	60	64	59	62	65
97	58	61	65	59	62	66
98	58	61	65	60	63	66
99	59	62	66	60	63	67
100	59	63	66	61	64	67

Ⅲ. 삼점검사의 유의성 검정표($p=1/3$)

검사자 수	유의적 차이를 표명할 수 있는 최소 정답수			검사자 수	유의적 차이를 표명할 수 있는 최소 정답수		
	$\alpha=0.05$ (*)	$\alpha=0.01$ (**)	$\alpha=0.001$ (***)		$\alpha=0.05$ (*)	$\alpha=0.01$ (**)	$\alpha=0.001$ (***)
5	4	5	-	53	24	27	29
6	5	6	-	54	25	27	30
7	5	6	7	55	25	27	30
8	6	7	8	56	25	28	31
9	6	7	8	57	26	28	31
10	7	8	9	58	26	29	31
11	7	8	9	59	27	29	32
12	8	9	10	60	27	29	32
13	8	9	11	61	27	30	33
14	9	10	11	62	28	30	33
15	9	10	12	63	28	31	34
16	9	11	12	64	29	31	34
17	10	11	13	65	29	32	34
18	10	12	13	66	29	32	35
19	11	12	14	67	30	32	35
20	11	13	14	68	30	33	36
21	12	13	15	69	30	33	36
22	12	13	15	70	31	34	37
23	12	14	16	71	31	34	37
24	13	14	16	72	32	34	37
25	13	15	17	73	32	35	38
26	14	15	17	74	32	35	38
27	14	16	18	75	33	35	39
28	14	16	18	76	33	36	39
29	15	17	19	77	33	36	39
30	15	17	19	78	34	37	40
31	16	17	19	79	34	37	40
32	16	18	20	80	35	37	41
33	16	18	20	81	35	38	41
34	17	19	21	82	35	38	42
35	17	19	21	83	36	39	42
36	18	20	22	84	36	39	42
37	18	20	22	85	36	39	43
38	18	20	23	86	37	40	43
39	19	21	23	87	37	40	44
40	19	21	24	88	38	41	44
41	20	22	24	89	38	41	44
42	20	22	24	90	38	41	45
43	20	23	25	91	39	42	45
44	21	23	25	92	39	42	46
45	21	23	26	93	39	43	46
46	22	24	26	94	40	43	46
47	22	24	27	95	40	43	47
48	22	25	27	96	41	44	47
49	23	25	28	97	41	44	48
50	23	25	28	98	41	45	48
51	24	26	28	99	42	45	48
52	24	26	29	100	42	45	49

IV. Basker(1988)에 의한 순위법 유의성 검정표(5%)

아래의 표는 유의성을 표명하는 순위합의 차이값을 나타낸다.

패널 요원수	제 품 수							
	3	4	5	6	7	8	9	10
2	-	-	8	10	12	14	16	18
3	6	8	11	13	15	18	20	23
4	7	10	13	15	18	21	24	27
5	8	11	14	17	21	24	27	30
6	9	12	15	19	22	26	30	34
7	10	13	17	20	24	28	32	36
8	10	14	18	22	26	30	34	40
9	10	15	19	23	27	32	36	41
10	11	15	20	24	29	34	38	43
11	11	16	21	26	30	35	40	45
12	12	17	22	27	32	37	42	48
13	12	18	23	28	33	39	44	50
14	13	18	24	29	34	40	46	52
15	13	19	24	30	36	42	47	53
16	13.3	18.8	24.4	30.2	36.0	42.0	48.1	54.2
17	13.7	19.3	25.2	31.1	37.1	43.3	49.5	55.9
18	14.1	19.9	25.9	32.0	38.2	44.5	51.0	57.5
19	14.4	20.4	26.6	32.9	39.3	45.8	52.4	59.0

Ⅳ. Basker(1988)에 의한 순위법 유의성 검정표(계속)

패널 요원수	제 품 수								
	2	3	4	5	6	7	8	9	10
20	8.8	14.8	21.0	27.3	33.7	40.3	47.0	53.7	60.6
21	9.0	15.2	21.5	28.0	34.6	41.3	48.1	55.1	62.1
22	9.2	15.5	22.0	28.6	35.4	42.3	49.2	56.4	63.5
23	9.4	15.9	22.5	29.3	36.2	43.2	50.3	57.6	65.0
24	9.6	16.2	23.0	29.9	36.9	44.1	51.4	58.9	66.4
25	9.8	16.6	23.5	30.5	37.7	45.0	52.5	60.1	67.7
26	10.0	16.9	23.9	31.1	38.4	45.9	53.5	61.3	69.1
27	10.2	17.2	24.4	31.7	39.2	46.8	54.6	62.4	70.4
28	10.4	17.5	24.8	32.3	39.9	47.7	55.6	63.6	71.7
29	10.6	17.8	25.3	32.8	40.6	48.5	56.5	64.7	72.9
30	10.7	18.2	25.7	33.4	41.3	49.3	57.5	65.8	74.2
31	10.9	18.5	26.1	34.0	42.0	50.2	58.5	66.9	75.4
32	11.1	18.7	26.5	34.5	42.6	51.0	59.4	68.0	76.6
33	11.3	19.0	26.9	35.0	43.3	51.7	60.3	69.0	77.8
34	11.4	19.3	27.3	35.6	44.0	52.5	61.2	70.1	79.0
35	11.6	19.6	27.7	36.1	44.6	53.3	62.1	71.1	80.1
36	11.8	19.9	28.1	36.6	45.2	54.0	63.0	72.1	81.3
37	11.9	20.2	28.5	37.1	45.9	54.8	63.9	73.1	82.4
38	12.1	20.4	28.9	37.6	46.5	55.5	64.7	74.1	83.5
39	12.2	20.7	29.3	38.1	47.1	56.3	65.6	75.0	84.6
40	12.4	21.0	29.7	38.6	47.7	57.0	66.4	76.0	85.7
41	12.6	21.2	30.0	39.1	48.3	57.7	67.2	76.9	86.7
42	12.7	21.5	30.4	39.5	48.9	58.4	68.0	77.9	87.8
43	12.9	21.7	30.8	40.0	49.4	59.1	68.8	78.8	88.8
44	13.0	22.0	31.1	40.5	50.0	59.8	69.6	79.7	89.9
45	13.1	22.2	31.5	40.9	50.6	60.4	70.4	80.6	90.9
46	13.3	22.5	31.8	41.4	51.1	61.1	71.2	81.5	91.9
47	13.4	22.7	32.2	41.8	51.7	61.8	72.0	82.4	92.9
48	13.6	23.0	32.5	42.3	52.2	62.4	72.7	83.2	93.8
49	13.7	23.2	32.8	42.7	52.8	63.1	73.5	84.1	94.8
50	13.9	23.4	33.2	43.1	53.3	63.7	74.2	85.0	95.8
51	14.0	23.7	33.5	43.6	53.8	64.3	75.0	85.8	96.7
52	14.1	23.9	33.8	44.0	54.4	65.0	75.7	86.6	97.7
53	14.3	24.1	34.1	44.4	54.9	65.6	76.4	87.5	98.6
54	14.4	24.4	34.5	44.8	55.4	66.2	77.1	88.3	99.5
55	14.5	24.6	34.8	45.2	55.9	66.8	77.9	89.1	100.5
56	14.7	24.8	35.1	45.6	56.4	67.4	78.6	89.9	101.4
57	14.8	25.0	35.4	46.1	56.9	68.0	79.3	90.7	102.3
58	14.9	25.2	35.7	46.9	57.4	68.6	80.0	91.5	103.2
59	15.1	25.5	36.0	46.9	57.9	69.2	80.6	92.3	104.0
60	15.2	25.7	36.3	47.3	58.4	69.8	81.3	93.1	104.9
61	15.3	25.9	36.6	47.6	58.9	70.4	82.0	83.8	105.8
62	15.4	26.1	36.9	48.0	59.4	70.9	82.7	94.6	106.7
63	15.6	26.3	37.2	48.4	59.8	71.5	83.3	95.4	107.5
64	15.7	26.5	37.5	48.8	60.3	72.1	84.0	96.1	108.4
65	15.8	26.7	37.8	48.3	60.8	72.6	84.6	96.9	109.2
66	15.9	26.9	38.1	49.6	61.3	73.2	85.3	97.6	110.0
67	16.0	27.1	38.4	49.9	61.7	73.7	85.9	98.3	110.9
68	16.2	27.3	38.7	50.3	62.2	74.3	86.6	99.1	111.7
69	16.3	27.5	39.0	50.7	62.6	74.8	87.2	99.8	112.5
70	16.4	27.7	39.2	51.0	63.1	75.4	87.8	100.5	113.3

IV. Basker(1988)에 의한 순위법 유의성 검정표(계속)

패널 요원수	제 품 수								
	2	3	4	5	6	7	8	9	10
71	16.5	27.9	39.5	51.4	63.5	75.9	88.5	101.2	114.1
72	16.6	28.1	39.8	51.8	64.0	76.4	89.1	101.9	114.9
73	16.7	28.3	40.1	52.1	64.4	77.0	89.7	102.7	115.7
74	16.9	28.5	40.3	52.5	64.9	77.5	90.3	103.4	116.5
75	17.0	28.7	40.6	52.8	65.3	78.0	90.9	104.0	117.3
76	17.1	28.9	40.9	53.2	65.7	78.5	91.5	104.7	118.1
77	17.2	29.1	41.2	53.5	66.2	79.0	92.1	105.4	118.9
78	17.3	29.3	41.4	53.9	66.6	79.6	92.7	106.1	119.6
79	17.4	29.5	41.7	54.2	67.0	80.1	93.3	106.8	120.4
80	17.5	29.6	42.0	54.6	67.4	80.6	93.9	107.5	121.2
81	17.6	29.8	42.2	54.9	67.9	81.1	94.5	108.1	121.9
82	17.7	30.0	42.5	55.2	68.3	81.6	95.1	108.8	122.7
83	17.9	30.2	42.7	55.6	68.7	82.1	95.6	109.5	123.4
84	18.0	30.4	43.0	55.9	69.1	82.6	96.2	110.1	124.1
85	18.1	30.6	43.2	56.2	69.5	83.1	96.8	110.8	124.9
86	18.2	30.7	43.5	56.6	69.9	83.5	97.4	111.4	125.6
87	18.3	30.9	43.7	56.9	70.3	84.0	97.9	112.1	126.3
88	18.4	31.1	44.0	57.2	70.7	84.5	98.5	112.7	127.1
89	18.5	31.3	44.2	57.5	71.1	85.0	99.0	113.3	127.8
90	18.6	31.4	44.5	57.9	71.5	85.5	99.6	114.0	128.5
91	18.7	31.6	44.7	58.2	71.9	85.9	100.1	114.6	129.2
92	18.8	31.8	45.0	58.5	72.3	86.4	100.7	115.2	129.9
93	18.9	32.0	45.2	58.8	72.7	86.9	101.2	115.9	130.6
94	19.0	32.1	45.5	59.1	73.1	87.3	101.8	116.5	131.3
95	19.1	32.3	45.7	59.5	73.5	87.8	102.3	117.1	132.0
96	19.2	32.5	46.0	59.8	73.9	88.3	102.9	117.7	132.7
97	19.3	32.6	46.2	60.1	74.3	88.7	103.4	118.3	133.4
98	19.4	32.8	46.4	60.4	74.6	89.2	103.9	118.9	134.1
99	19.5	33.0	46.7	60.7	75.0	89.6	104.5	119.5	134.8
100	19.6	33.1	46.9	61.0	75.4	90.1	105.0	120.1	135.5
101	19.7	33.3	47.1	61.3	75.8	90.5	105.5	120.7	136.1
102	19.8	33.5	47.4	61.6	76.1	91.0	106.0	121.3	136.8
103	19.9	33.6	47.6	61.9	76.5	91.4	106.5	121.9	137.5
104	20.0	33.8	47.8	62.2	76.9	91.9	107.1	122.5	138.1
105	20.1	34.0	48.1	62.5	77.3	92.3	107.6	123.1	138.8
106	20.2	34.1	48.3	62.8	77.6	92.7	108.1	123.7	139.5
107	20.3	34.3	48.5	63.1	78.0	93.2	108.6	124.3	140.1
108	20.4	34.4	48.7	63.4	78.4	93.6	109.1	124.9	140.8
109	20.5	34.6	49.0	63.7	78.7	94.0	109.6	125.4	141.4
110	20.6	34.8	49.2	64.0	79.1	94.5	110.1	126.0	142.1
111	20.7	34.9	49.4	64.3	79.4	94.9	110.6	126.6	142.7
112	20.7	35.1	49.6	64.6	79.8	95.3	111.1	127.1	143.4
113	20.8	35.2	49.9	64.8	80.1	95.8	111.6	127.7	144.0
114	20.9	35.4	50.1	65.1	80.5	96.2	112.1	128.3	144.6
115	21.0	35.5	50.3	65.4	80.9	96.6	112.6	128.8	145.3
116	21.1	35.7	50.5	65.7	81.2	97.0	113.1	129.4	145.9
117	21.2	35.8	50.7	66.0	81.6	97.4	113.6	130.0	146.5
118	21.3	36.0	50.9	66.3	81.9	97.9	114.0	130.5	147.1
119	21.4	36.2	51.2	66.5	82.2	98.3	114.5	131.1	147.8
120	21.5	36.3	51.4	66.8	82.6	98.7	115.0	131.6	148.4

V. Basker(1988)에 의한 순위법 유의성 검정표(1%)

패널 요원수	제 품 수							
	3	4	5	6	7	8	9	10
2	-	-	-	-	-	-	-	19
3	-	9	12	14	17	19	22	24
4	8	11	14	17	20	23	26	29
5	9	13	16	19	23	26	30	33
6	10	14	18	21	25	29	33	37
7	11	15	19	23	28	32	36	40
8	12	16	21	25	30	34	39	43
9	13	17	22	27	32	36	41	46
10	13	18	23	28	33	38	44	49
11	14	19	24	30	35	40	46	51
12	15	20	26	31	37	42	48	54
13	15	21	27	32	38	44	50	56
14	16	22	28	34	40	46	52	58
15	16	22	28	35	41	48	54	60
16	16.5	22.7	29.1	35.6	42.2	48.9	55.6	62.5
17	17.0	23.4	30.0	36.7	43.5	50.4	57.3	64.4
18	17.5	24.1	30.9	37.8	44.7	51.8	59.0	66.2
19	18.0	24.8	31.7	38.8	46.0	53.2	60.6	68.1

V. Basker(1988)에 의한 순위법 유의성 검정표(계속)

패널 요원수	제 품 수								
	2	3	4	5	6	7	8	9	10
20	11.5	18.4	25.4	32.5	39.8	47.2	54.6	62.2	69.8
21	11.8	18.9	26.0	33.4	40.8	48.3	56.0	63.7	71.6
22	12.1	19.3	26.7	34.1	41.7	49.5	57.3	65.2	73.2
23	12.4	19.8	27.3	34.9	42.7	50.6	58.6	66.7	74.9
24	12.6	20.2	27.8	35.7	43.6	51.7	59.8	68.1	76.5
25	12.9	20.6	28.4	36.4	44.5	52.7	61.1	69.5	78.1
26	13.1	21.0	29.0	37.1	45.4	53.8	62.3	70.9	79.6
27	13.4	21.4	29.5	37.8	46.2	54.8	63.5	72.3	81.1
28	13.6	21.8	30.1	38.5	47.1	55.8	64.6	73.6	82.6
29	13.9	22.2	30.6	39.2	47.9	56.8	65.8	74.9	84.1
30	14.1	22.6	31.1	39.9	48.7	57.8	66.9	76.2	85.5
31	14.3	22.9	31.6	40.5	49.6	58.7	68.0	77.4	86.9
32	14.6	23.3	32.2	41.2	50.3	59.7	69.1	78.7	88.3
33	14.8	23.7	32.7	41.8	51.1	60.6	70.2	79.9	89.7
34	15.0	24.0	33.1	42.4	51.9	61.5	71.2	81.1	91.0
35	15.2	24.4	33.6	43.1	52.7	62.4	72.3	82.3	92.4
36	15.5	24.7	34.1	43.7	53.4	63.3	73.3	83.4	93.7
37	15.7	25.1	34.6	44.3	54.1	64.2	74.3	84.6	95.0
38	15.9	25.4	35.0	44.9	54.9	65.0	75.3	85.7	96.2
39	16.1	25.7	35.5	45.5	55.6	65.9	76.3	86.8	97.5
40	16.3	26.1	36.0	46.0	56.3	66.7	77.3	88.0	98.7
41	16.5	26.4	36.4	46.6	57.0	67.5	78.2	89.0	100.0
42	16.7	26.7	36.8	47.2	57.7	68.3	79.2	90.1	101.2
43	16.9	27.0	37.3	47.7	58.4	69.2	80.1	91.2	102.4
44	17.1	27.3	37.7	48.3	59.0	70.0	81.1	92.2	103.6
45	17.3	27.6	38.1	48.8	59.7	70.7	81.9	93.3	104.7
46	17.5	27.9	38.6	49.4	60.4	71.5	82.9	94.3	105.9
47	17.7	28.2	39.0	49.9	61.0	72.3	83.7	95.3	107.0
48	17.8	28.5	39.4	50.4	61.7	73.1	84.6	96.3	108.2
49	18.0	28.8	39.8	50.9	62.3	73.8	85.5	97.3	109.3
50	18.2	29.1	40.2	51.5	62.9	74.6	86.4	98.3	110.4
51	18.4	29.4	40.6	52.0	63.6	75.3	87.2	99.3	111.5
52	18.6	29.7	41.0	52.5	64.2	76.1	88.1	100.3	112.6
53	18.8	30.0	41.4	53.0	64.8	76.8	88.9	101.2	113.7
54	18.9	30.3	41.8	53.5	65.4	77.5	89.8	102.2	114.7
55	19.1	30.6	42.2	54.0	66.0	78.2	90.6	103.1	115.8
56	19.3	30.8	42.5	54.5	66.6	78.9	91.4	104.1	116.8
57	19.4	31.1	42.9	54.9	67.2	79.6	92.2	105.0	117.9
58	19.6	31.4	43.3	55.4	67.8	80.3	93.0	105.9	118.9
59	19.8	31.6	43.7	55.9	68.4	81.0	93.8	106.8	119.9
60	20.0	31.9	44.0	56.4	68.9	81.7	94.6	107.7	120.9
61	20.1	32.2	44.4	56.8	69.5	82.4	95.4	108.6	121.9
62	20.3	32.4	44.8	57.3	70.1	83.0	96.2	109.5	122.9
63	20.4	32.7	45.1	57.8	70.6	83.7	97.0	110.4	123.9
64	20.6	33.0	45.5	58.2	71.2	84.4	97.7	111.3	124.9
65	20.8	33.2	45.8	58.7	71.8	85.0	98.5	112.1	125.9
66	20.9	33.5	46.2	59.1	72.3	85.7	99.2	113.0	126.8
67	21.1	33.7	46.5	59.6	72.8	86.3	100.0	113.8	127.8
68	21.2	34.0	46.9	60.0	73.4	87.0	100.7	114.7	128.8
69	21.4	34.2	47.2	60.5	73.9	87.6	101.5	115.5	129.7
70	21.6	34.5	47.6	60.9	74.5	88.2	102.2	116.4	130.6

V. Basker(1988)에 의한 순위법 유의성 검정표(계속)

패널 요원수	제 품 수								
	2	3	4	5	6	7	8	9	10
71	21.7	34.7	47.9	61.3	75.0	88.9	102.9	117.2	131.6
72	21.9	35.0	48.2	61.8	75.5	89.5	103.7	118.0	132.5
73	22.0	35.2	48.6	62.2	76.0	90.1	104.4	118.8	133.4
74	22.2	35.4	48.9	62.6	76.6	90.7	105.1	119.6	134.3
75	22.3	35.7	49.2	63.0	77.1	91.3	105.8	120.4	135.2
76	22.5	35.9	49.6	63.4	77.6	91.9	106.5	121.2	136.1
77	22.6	36.2	49.9	63.9	78.1	92.5	107.2	122.0	137.0
78	22.8	36.4	50.2	64.3	78.6	93.1	107.9	122.8	137.9
79	22.9	36.6	50.5	64.7	79.1	93.7	108.6	123.6	138.8
80	23.0	36.9	50.8	65.1	79.6	94.3	109.3	124.4	139.7
81	23.2	37.1	51.2	65.5	80.1	94.9	109.9	125.2	140.5
82	23.3	37.3	51.5	65.9	80.6	95.5	110.6	125.9	141.4
83	23.5	37.5	51.8	66.3	81.1	96.1	111.3	126.7	142.2
84	23.6	37.8	52.1	66.7	81.6	96.7	112.0	127.5	143.1
85	23.7	38.0	52.4	67.1	82.0	97.2	112.6	128.2	144.0
86	23.9	38.2	52.7	67.5	82.5	97.8	113.3	129.0	144.8
87	24.0	38.4	53.0	67.9	83.0	98.4	113.9	129.7	145.6
88	24.2	38.6	53.3	68.3	83.5	98.9	114.6	130.5	146.5
89	24.3	38.9	53.6	68.7	84.0	99.5	115.2	131.2	147.3
90	24.4	39.1	53.9	69.0	84.4	100.1	115.9	131.9	148.1
91	24.6	39.3	54.2	69.4	84.9	100.6	116.5	132.7	148.9
92	24.7	39.5	54.5	69.8	85.4	101.2.	117.2	133.45	149.8
93	24.8	39.7	54.8	70.2	85.8	101.7.	117.8	134.1	150.6
94	25.0	39.9	55.1	70.6	86.3	102.3	118.4	134.8	151.4
95	25.1	40.2	55.4	70.9	86.7	102.8	119.1	135.5	152.2
96	25.2	40.4	55.7	71.3	87.2	103.3	119.7	136.3	153.0
97	25.4	40.6	56.0	71.7	87.7	103.9	120.3	137.0	153.8
98	25.5	40.8	56.3	72.0	88.1	104.4	120.9	137.7	154.6
99	25.6	41.0	56.6	72.4	88.5	104.9	121.5	138.4	155.4
100	25.8	41.2	56.8	72.8	89.0	105.5	122.2	139.1	156.1
101	25.9	41.4	57.1	73.1	89.4	106.0	122.8	139.8	156.9
102	26.0	41.6	57.4	73.5	89.9	106.5	123.4	140.5	157.7
103	26.1	41.8	57.7	73.9	90.3	107.0	124.0	141.1	158.5
104	26.3	42.0	58.0	74.2	90.8	107.6	124.6	141.8	159.2
105	26.4	42.2	58.2	74.6	91.2	108.1	125.2	142.5	160.0
106	26.5	42.4	58.5	74.9	91.6	108.6	125.8	143.2	160.8
107	26.6	42.6	58.8	75.3	92.1	109.1	126.4	143.9	161.5
108	26.8	42.8	59.1	75.6	92.5	109.6	126.9	144.5	162.3
109	26.9	43.0	59.3	76.0	92.9	110.1	127.5	145.2	163.0
110	27.0	43.2	59.6	76.3	93.3	110.6	128.1	145.9	163.8
111	27.1	43.4	59.9	76.7	93.8	111.1	128.7	146.5	164.5
112	27.3	43.6	60.2	77.0	94.2	111.6	129.3	147.2	165.2
113	27.4	43.8	60.4	77.4	94.6	112.1	129.9	147.8	166.0
114	27.5	44.0	60.7	77.7	95.0	112.6	130.4	148.5	166.7
115	27.6	44.2	61.0	78.0	95.4	113.1	131.0	149.1	167.4
116	27.7	44.4	61.2	78.4	95.9	113.6	131.6	149.8	168.2
117	27.9	44.6	61.5	78.7	96.3	114.1	132.1	150.4	168.9
118	28.0	44.8	61.7	79.1	96.7	114.6	132.7	151.1	169.6
119	28.1	44.9	62.0	79.4	97.1	115.0	133.3	151.7	170.3
120	28.2	45.1	62.3	79.7	97.5	115.5	133.8	152.3	171.1

VI. 순위법의 유의성 검정표(5%)

네 개의 숫자는 최소 비유의적 순위합－최대 비유의적 순위합(표준시료가 없는 경우). 최소 비유외적 순위합－최대 비유의적 순위합(표준시료가 있는 경우)을 나타낸다.

반복수	처 리 수								
	2	3	4	5	6	7	8	9	10
2	-	-	-	-	-	-	-	-	-
	-	-	-	3-9	3-11	3-13	4-14	4-16	4-18
3	-	-	-	4-14	4-17	4-20	4-23	5-25	5-28
		4-8	4-11	5-13	6-15	6-18	7-20	8-22	8-25
4	-	5-11	5-15	6-18	6-22	7-25	7-29	8-32	8-36
	-	5-11	6-14	7-17	8-20	9-23	10-26	11-29	13-31
5	-	6-14	7-18	8-22	9-26	9-31	10-35	11-39	12-43
	6-9	7-13	8-17	10-20	11-24	13-27	14-31	15-35	17-38
6	7-11	8-16	9-21	10-6	11-31	12-36	13-41	14-46	15-51
	7-11	9-15	11-19	12-24	14-28	16-32	18-36	20-40	21-45
7	8-13	10-18	11-24	12-30	14-35	15-41	17-46	18-52	19-58
	8-13	10-18	13-22	15-27	17-32	19-37	22-41	24-46	26-51
8	9-15	11-21	13-27	15-33	17-39	18-46	20-52	22-58	24-64
	10-15	12-20	15-25	17-31	20-36	23-41	25-47	28-52	31-57
9	11-16	13-23	15-30	17-37	19-44	22-50	24-57	26-64	28-71
	11-16	14-22	17-28	20-34	23-40	26-46	29-52	32-58	35-64
10	12-18	15-25	17-33	20-40	22-48	25-55	27-63	30-70	32-78
	12-18	16-24	19-31	23-37	26-44	30-50	33-57	37-63	40-70
11	13-20	16-28	19-36	22-44	25-52	28-60	31-68	34-76	36-85
	14-19	18-26	21-34	25-1	29-48	33-55	37-62	41-69	45-76
12	15-21	18-30	21-39	25-47	28-56	31-65	34-74	38-82	41-91
	15-21	19-29	24-36	28-44	32-52	37-59	41-67	45-75	50-82
13	16-23	20-32	24-41	27-51	31-60	35-69	38-79	42-88	45-98
	17-22	21-31	21-39	31-47	35-56	40-64	45-72	50-80	54-89
14	17-25	22-34	26-44	30-54	34-64	38-74	42-84	46-94	50-104
	18-24	23-33	28-42	33-51	38-60	44-68	49-77	54-86	59-95
15	19-26	23-37	28-47	32-58	37-68	41-79	46-89	50-100	54-111
	19-26	25-35	30-45	36-54	42-63	47-73	53-82	59-61	64-101
16	20-28	25-39	30-50	35-61	40-2	45-83	49-95	54-106	59-117
	21-27	27-37	33-47	39-57	45-67	51-77	57-87	63-97	69-107
17	22-29	27-41	32-53	38-64	43-76	48-88	53-100	58-112	63-124
	22-29	28-40	35-50	41-61	48-71	54-82	61-92	67-103	74-113
18	23-31	29-43	34-56	40-68	46-80	51-93	57-105	62-118	68-130
	24-30	30-42	37-53	44-64	51-75	58-86	65-97	72-108	79-119
19	24-33	30-46	37-58	43-71	49-84	55-97	61-110	67-123	73-136
	25-32	32-44	39-56	47-67	54-79	62-90	69-102	76-114	84-125
20	26-34	32-48	39-61	45-75	52-88	58-102	65-115	71-129	77-143
	26-34	34-46	42-58	50-70	57-83	65-95	73-107	81-119	89-131

VI. 순위법의 유의성 검정표(계속)

반복수	처 리 수								
	2	3	4	5	6	7	8	9	10
21	27-36 28-35	34-50 36-48	41-64 44-61	48-78 52-74	55-92 61-86	62-106 69-99	68-121 77-112	75-135 86-124	82-149 94-137
22	28-38 29-37	36-52 38-50	43-67 46-64	51-81 55-77	58-96 64-90	65-111 73-103	72-126 81-117	80-140 90-130	87-155 99-143
23	30-39 31-38	38-54 40-52	46-69 49-66	53-85 58-80	61-100 76-94	69-115 786-108	76-131 84-122	84-146 95-135	91-162 104-149
24	31-41 32-40	40-56 41-55	48-72 51-69	56-88 61-83	64-104 70-98	72-120 80-112	80-136 90-126	88-152 99-141	96-168 109-155
25	33-42 33-42	41-59 43-57	50-75 53-72	59-91 63-87	67-108 73-102	76-124 84-116	84-141 94-131	92-158 104-146	101-174 114-161
26	34-44 35-43	43-61 45-59	52-78 56-74	61-95 66-90	70-112 77-105	79-129 87-121	88-146 98-136	97-163 108-152	106-180 119-167
27	35-46 36-45	45-63 47-61	55-80 58-77	64-98 69-93	73-116 80-109	83-133 91-125	92-151 102-141	101-169 113-157	110-187 124-173
28	37-47 38-46	47-65 49-63	57-83 60-80	67-101 72-96	76-120 83-113	86-138 95-129	96-156 106-146	106-174 118-162	115-193 129-179
29	38-49 39-48	49-67 51-65	59-86 63-82	69-105 74-100	80-123 86-117	90-142 98-134	100-161 110-151	110-180 122-168	120-199 134-185
30	40-50 41-49	51-69 53-67	61-89 65-85	72-108 77-103	83-127 90-120	93-147 102-138	104-166 114-156	114-186 127-173	125-205 130-191
31	41-52 42-51	52-72 55-69	64-91 67-88	75-111 80-106	86-131 93-124	97-151 106-142	108-171 119-160	119-191 131-179	130-211 144-197
32	42-54 43-53	54-74 56-72	66-94 70-90	77-115 83-109	89-135 96-128	100-156 109-147	112-176 123-165	123-197 136-184	134-218 149-203
33	44-55 45-54	56-76 58-74	68-97 72-93	80-118 86-112	92-139 99-132	104-160 113-151	116-181 127-170	128-202 141-189	139-224 154-209
34	45-57 46-56	58-78 60-76	70-100 74-96	83-121 88-116	985-143 103-135	108-164 117-155	120-186 131-175	132-208 145-195	144-230 159-215
35	47-58 48-57	60-80 62-78	73-102 77-98	86-124 91-119	98-147 106-139	111-169+ 121-159	124-191 135-180	136-214 150-200	149-236 165-220
36	48-60 49-59	62-82 64-80	75-105 79-101	88-128 94-122	102-150 109-143	115-173 124-164	128-196 139-185	141-219 155-205	154-242 170-226
37	50-61 51-60	63-85 66-82	77-108 81-104	91-131 97-125	105-154 112-147	118-178 128-168	132-201 144-189	145-225 159-211	159-248 175-232
38	51-63 52-62	65-87 68-84	80-110 84-106	94-134 100-128	108-158 116-150	122-182 132-172	136-206 148-194	150-230 164-216	164-254 180-238
39	52-65 53-64	67-89 70-86	82-113 86-109	97-137 102-132	111-162 119-154	126-186 135-177	140-211 152-199	154-236 168-222	169-260 185-244
40	54-66 55-65	69-91 72-88	84-116 88-112	99-141 105-135	114-166 122-158	129-191 139-181	144-216 156-204	159-241 173-227	173-267 190-250

VI. 순위법의 유의성 검정표(계속)

반복수	처 리 수								
	2	3	4	5	6	7	8	9	10
41	55-68 56-67	71-93 73-91	87-118 91-114	102-144 108-138	117-170 126-161	133-195 143-185	148-221 160-209	163-247 178-232	178-273 198-256
42	57-69 58-68	73-95 75-93	89-121 93-117	105-148 111-141	121-173 129-165	136-200 147-189	152-226 165-213	168-252 182-238	183-279 200-262
43	58-71 59-70	75-97 77-95	91-124 95-120	108-150 114-144	124-177 132-169	140-204 150-194	156-231 169-218	172-258 187-243	188-285 206-267
44	60-72 61-71	77-99 79-97	93-127 98-122	110-154 117-147	127-181 135-173	144-208 154-198	160-236 173-223	177-263 192-248	193-291 211-273
45	61-74 62-73	78-102 81-99	96-129 100-125	113-157 119-151	130-185 139-176	147-213 158-202	164-241 177-228	181-269 197-253	198-297 216-279
46	62-76 63-75	80-104 83-101	98-132 103-127	116-160 122-154	133-189 142-180	151-217 162-206	168-246 181-233	186-274 201-259	203-303 221-285
47	64-77 65-76	82-106 85-103	100-135 105-130	119-163 125-157	137-192 145-184	155-221 165-211	172-251 186-237	190-280 206-264	208-309 226-291
48	65-79 66-78	84-108 87-105	103-137 107-133	121-167 128-160	140-196 149-187	158-226 169-215	176-256 190-242	195-285 211-269	213-315 231-297
49	67-80 68-79	86-10 89-107	105-140 110-135	124-170 131-163	143-200 152-191	162-230 172-219	181-260 194-247	199-291 215-275	218-321 236-303
50	68-82 69-81	88-112 91-109	107-143 112-138	127-173 134-166	146-204 155-195	165-235 177-223	185-265 198-252	204-296 220-280	223-327 242-308
51	70-83 71-82	90-114 92-112	110-145 114-141	130-176 136-170	149-208 158-199	169-239 181-227	189-270 203-256	208-302 225-285	228-333 247-314
52	71-85 72-84	92-116 94-114	112-48 117-143	132-180 139-173	153-211 162-202	173-243 184-232	193-275 207-261	213-307 229-291	233-339 252-320
53	72-87 74-85	93-119 96-116	114-151 119-146	135-183 142-176	156-215 165-206	176-248 188-236	197-280 211-266	217-313 234-296	238-345 257-326
54	74-88 75-87	95-125 98-118	117-153 121-149	138-186 145-179	159-219 168-210	180-252 192-240	201-285 215-271	222-318 239-301	243-351 262-332
55	75-90 76-89	97-123 100-120	119-156 124-151	141-189 148-182	162-223 172-213	184-256 196-244	205-290 220-275	227-323 243-307	248-357 267-338
56	77-91 89-90	99-121 102-122	121-159 126-154	143-193 151-185	165-227 175-217	187-261 199-249	209-295 224-280	231-329 248-312	253-363 273-343
57	89-93 79-92	101-127 104-124	124-61 129-156	146-196 153-189	169-230 178-221	191-265 203-253	213-300 228-285	236-334 253-317	258-369 278-349
58	80-94 81-93	103-129 106-126	126-164 131-159	149-199 156-192	172-234 182-224	195-269 207-257	218-304 232-290	240-340 258-322	263-275 283-355
59	81-96 82-95	105-131 108-128	128-167 133-162	152-202 159-195	175-238 185-228	198-274 211-261	222-309 237-294	245-345 262-328	268-381 288-361
60	82-98 84-96	107-133 110-130	131-169 136-164	155-205 162-198	178-242 188-232	202-278 215-265	226-314 241-299	240-351 267-333	273-387 293-367

VI. 순위법의 유의성 검정표(계속)

반복수	처 리 수-								
	2	3	4	5	6	7	8	9	10
61	84-99 85-98	108-136 112-132	133-172 138-167	157-209 165-201	182-245 192-235	206-282 218-270	230-319 245-304	254-356 272-338	278-393 299-372
62	85-101 87-99	110-138 133-135	135-175 141-169	160-212 168-204	185-249 195-239	210-286 222-274	234-324 249-309	259-361 277-343	283-399 304-378
63	87-102 88-101	112-140 115-137	138-177 143-172	162-215 171-207	188-253 198-243	213-291 226-278	238-329 254-313	263-367 291-349	288-405 309-384
64	88-104 89-103	114-142 117-139	140-180 145-175	166-218 173-211	191-257 202-246	217-295 230-282	242-334 258-318	268-372 286-354	293-411 314-390
65	90-105 91-104	116-144 119-141	142-183 148-177	169-221 176-214	195-260 205-250	221-299 233-287	246-339 262-323	272-378 291-359	298-417 319-396
66	91-107 92-106	118-146 121-143	145-185 150-180	171-225 179-217	198-264 208-254	224-304 237-291	251-343 266-328	277-383 295-365	303-423 325-401
67	93-108 94-107	120-148 123-145	147-188 152-183	174-228 182-220	201-268 212-257	228-308 241-295	255-348 271-332	281-389 300-370	308-429 330-407
68	94-110 95-109	122-150 125-147	149-191 155-185	177-231 185-223	204-272 215-261	232-312 245-299	259-353 275-337	286-394 305-375	313-435 335-413
69	95-112 97-110	124-152 127-149	152-193 157-188	180-234 188-226	208-275 218-265	235-317 249-303	263-358 279-342	291-399 310-380	318-441 340-419
70	97-113 98-112	125-155 129-161	154-196 160-190	183-237 191-229	211-279 221-269	239-321 252-308	267-363 283-347	295-405 314-386	323-447 345-425
71	98-115 100-113	127-157 131-153	156-199 162-193	185-241 193-233	214-283 225-272	243-325 256-312	271-368 288-351	300-410 319-391	328-453 351-430
72	100-116 101-115	129-159 133-155	159-201 164-196	188-244 196-236	217-287 228-276	247-329 260-316	276-382 296-356	305-415 324-396	333-459 356-436
73	101-118 102-117	131-161 135-157	161-204 167-198	191-247 199-239	221-290 231-280	250-334 264-320	280-377 296-361	309-421 329-401	338-465 361-442
74	103-119 104-118	133-163 136-160	163-207 169-201	194-250 202-242	224-294 235-283	254-334 267-324	284-382 301-365	314-426 333-407	344-470 366-448
75	104-121 105-120	135-165 138-162	166-209 172-203	197-253 205-245	227-298 238-287	258-342 272-328	288-387 305-370	318-432 338-412	349-476 372-453

Ⅶ. 순위법의 유의성 검정표(1%)

네 개의 숫자는 최소 비유의적 순위합−최대 비유의적 순위합(표준시료가 없는 경우). 최소 비유
외적 순위합−최대 비유의적 순위합(표준시료가 있는 경우)을 나타낸다.

반복수	처 리 수								
	2	3	4	5	6	7	8	9	10
2	-	-	-	-	-	-	-	-	-
	-	-	-	-	-	-	-	-	3-19
3	-	-	-	-	-	-	-	-	4-29
	-	-	-	4-14	4-17	4-20	5-22	5-25	6-27
4	-	-	-	5-19	5-23	5-27	6-30	6-34	6-38
	-	-	5-15	6-18	6-22	7-25	8-28	8-32	9-35
5	-	-	6-19	7-23	7-28	8-32	8-37	9-41	9-46
	-	6-14	7-18	8-22	9-26	10-30	11-34	12-38	13-42
6	-	7-17	8-22	9-27	9-33	10-38	11-43	12-48	13-53
	-	8-16	9-21	10-26	12-30	13-35	14-40	16-44	17-49
7	-	8-20	10-25	11-32	12-37	13-43	14-49	15-55	16-61
	8-13	9-19	11-24	12-30	14-35	16-40	18-45	19-51	21-56
8	9-15	10-22	11-29	13-35	14-42	16-48	17-55	19-61	20-68
	9-15	11-21	13-27	15-33	17-39	19-45	21-51	23-57	25-63
9	10-17	12-24	13-32	15-39	17-46	19-53	21-60	22-68	24-75
	10-17	12-24	15-30	17-37	20-43	22-50	25-56	27-63	30-69
10	11-19	13-27	15-35	18-42	20-50	22-58	24-66	26-74	28-82
	11-19	14-26	17-35	20-40	23-47	25-55	28-62	31-69	34-76
11	12-21	15-29	17-38	20-46	22-55	25-63	27-72	30-80	32-89
	13-20	16-28	19-36	22-44	25-52	29-59	32-67	35-75	39-82
12	14-22	17-31	19-41	22-50	25-59	28-68	31-77	33-87	36-96
	14-22	18-30	21-39	25-47	28-56	32-61	36-72	39-81	43-89
13	15-24	18-34	21-44	25-53	28-63	31-73	34-83	37-93	40-103
	15-24	19-33	23-42	27-51	31-60	35-69	39-78	44-86	48-95
14	16-26	20-36	24-46	27-57	31-67	34-78	38-88	41-99	45-109
	17-25	21-35	25-45	30-54	34-64	39-73	43-83	48-92	52-102
15	18-27	22-38	26-49	30-60	34-71	37-83	41-94	45-105	49-116
	18-27	23-37	28-47	32-58	37-68	42-78	47-88	52-98	57-108
16	19-29	23-41	28-52	32-64	36-76	41-87	45-99	49-111	53-123
	19-29	25-39	30-50	35-61	40-72	46-82	51-93	56-104	61-115
17	20-31	25-43	30-55	35-67	39-80	44-92	49-104	53-117	58-129
	21-30	26-42	32-53	38-64	43-76	49-87	55-98	60-110	66-121
18	22-32	27-45	32-58	37-71	42-84	57-97	52-110	57-123	62-36
	22-32	28-44	34-56	40-68	46-80	52-92	59-103	65-115	71-127
19	23-34	29-47	34-61	40-74	45-88	50-102	56-115	61-129	67-142
	24-33	30-46	36-59	43-71	49-84	56-96	62-109	69-121	76-133
20	24-36	30-50	36-64	42-78	48-92	54-106	60-120	65-135	71-149
	25-35	32-48	38-62	45-75	52-88	59-101	66-114	73-127	80-140

Ⅶ. 순위법의 유의성 검정표(계속)

반복수	처 리 수								
	2	3	4	5	6	7	8	9	10
21	26-37 26-37	32-52 33-51	38-67 41-64	45-81 48-78	51-96 55-92	57-111 63-105	63-126 70-119	69-141 78-132	75-156 75-146
22	27-39 28-38	34-54 35-53	40-70 43-67	47-85 51-81	54-100 58-96	60-116 66-110	67-131 74-124	74-146 82-138	80-162 90-152
23	28-41 29-40	36-56 37-55	43-72 45-70	50-88 53-85	57-104 62-99	64-120 70-114	71-136 78-129	78-152 86-144	85-168 95-158
24	30-42 30-42	37-59 39-57	45-75 47-73	52-92 56-88	60-108 65-103	67-125 73-119	75-141 82-134	82-158 91-149	89-175 99-165
25	31-44 32-43	39-61 41-59	47-78 50-75	55-95 59-91	63-112 68-107	71-129 77-123	78-147 86-139	86-164 95-155	94-181 104-171
26	33-45 33-45	41-63 42-62	49-81 52-78	57-99 61-95	66-16 71-111	74-134 80-128	82-152 90-144	90-170 100-166	98-188 109-177
27	34-47 35-46	43-65 44-64	51-84 54-81	60-102 64-98	69-120 74-115	77-139 84-132	86-157 94-149	94-176 104-166	103-194 114-183
28	35-49 36-48	44-68 46-66	54-86 56-84	63-105 67-101	72-124 77-119	81-143 88-136	90-162 98-185	99-181 108-172	108-200 119-189
29	37-50 37-50	46-70 48-68	56-89 59-86	65-109 69-105	75-128 80-123	84-148 91-141	94-167 102-159	103-187 113-177	112-207 124-195
30	38-52 39-51	48-72 50-70	58-92 61-89	68-112 72-108	78-132 83-127	88-152 95-145	97-173 106-164	107-193 117-183	117-213 129-201
31	39-54 40-53	50-74 51-73	60-95 63-92	71-115 75-111	81-136 86-131	91-157 98-150	101-175 110-169	112-198 122-188	122-219 133-208
32	41-55 41-55	52-76 53-75	62-98 65-95	73-119 77-115	84-140 90-134	95-161 102-154	105-183 114-174	116-204 126-194	126-226 138-214
33	42-57 43-56	53-79 55-77	65-100 68-97	76-122 80-118	87-144 93-138	98-166 105-159	109-188 118-179	120-210 131-199	131-232 143-220
34	44-58 44-58	55-81 57-79	67-103 70-100	78-126 83-121	90-148 96-142	102-170 109-163	113-193 122-184	124-216 135-205	136-238 148-226
35	45-60 46-59	57-83 59-81	69-106 72-103	81-129 86-124	93-152 99-146	105-175 113-167	117-198 126-189	129-221 140-210	141-244 153-232
36	46-62 47-61	59-82 61-83	74-109 74-106	84-132 88-128	96-156 102-150	109-176 116-172	121-203 130-194	133-227 144-216	145-251 158-238
37	48-63 48-63	61-87 63-85	74-111 77-108	86-136 91-131	99-160 105-154	112-184 120-176	125-208 134-199	137-233 149-221	150-257 163-244
38	49-65 50-64	62-90 64-88	76-114 79-111	89-139 94-134	102-64 109-157	116-188 123-181	129-213 138-204	142-238 153-227	155-263 168-250
39	51-66 51-66	64-92 66-90	78-117 81-114	92-142 97-137	105-168 112-161	119-193 127-185	133-218 142-209	146-244 158-232	160-269 173-256
40	52-68 53-67	66-94 68-92	80-120 84-16	94-146 99-141	109-171 115-165	123-197 131-189	137-223 146-214	150-250 162-238	164-276 178-262

Ⅶ. 순위법의 유의성 검정표(계속)

반복수	처 리 수								
	2	3	4	5	6	7	8	9	10
41	53-70	68-96	83-122	97-149	112-175	126-202	140-29	155-255	169-282
	65-69	70-94	86-119	102-144	118-169	134-194	150-19	167-243	183-268
42	55-71	70-98	85-125	100-152	115-179	130-206	144-234	159-261	174-288
	56-70	72-96	88-122	105-147	121-173	138-198	155-223	171-249	188-274
43	56-73	72-100	87-128	103-155	118-183	133-211	148-239	164-266	179-294
	57-72	74-98	91-124	108-150	125-176	142-202	159-228	176-264	193-280
44	58-74	73-103	89-131	105-159	121-187	137-215	152-244	168-272	184-300
	58-74	75-101	93-127	110-154	128-180	145-207	163-233	180-260	198-286
45	59-76	75-105	92-133	108-162	124-191	140-220	156-249	172-278	188-307
	60-75	77-103	95-130	113-157	131-184	149-211	167-238	185-265	203-292
46	60-78	77-07	94-136	111-165	127-195	144-224	160-254	177-283	193-313
	61-77	79-105	97-133	116-160	134-188	153-215	171-243	189-271	208-298
47	62-79	79-109	96-139	113-169	130-199	148-229	164-259	181-289	198-319
	63-78	81-107	100-135	119-163	137-192	156-220	175-248	194-276	213-304
48	63-81	81-111	98-142	116-172	133-203	151-233	168-264	186-294	203-325
	64-80	83-109	102-138	121-167	141-195	160-224	179-253	198-282	218-310
49	65-82	83-113	101-144	119-175	137-206	155-237	172-269	190-300	208-331
	65-82	85-111	104-141	124-170	144-199	164-228	183-258	203-287	223-316
50	66-84	84-116	103-147	121-179	140-210	158-242	176-274	195-305	213-337
	67-83	87-113	107-143	127-173	149-203	167-233	187-263	208-292	228-322
51	67-86	86-118	105-150	124-182	143-214	162-246	180-279	199-311	218-343
	68-65	88-116	109-146	130-176	150-207	171-237	192-267	212-298	233-328
52	69-87	88-120	108-152	127-185	146-218	165-251	184-284	203-317	222-350
	70-86	90-118	111-149	132-180	153-211	175-241	196-272	217-303	238-334
53	70-89	90-122	110-155	130-188	149-222	169-255	188-289	208-322	227-345
	71-88	92-120	114-151	135-183	157-214	178-246	200-277	221-309	243-340
54	72-90	92-124	112-158	132-192	152-226	172-260	192-294	212-328	232-362
	73-89	94-122	116-154	138-186	160-218	182-250	204-282	226-314	248-346
55	73-92	94-126	114-161	135-195	156-229	176-264	196-299	217-333	237-368
	74-91	96-124	118-157	141-189	163-222	186-254	208-287	231-319	253-352
56	74-94	96-128	117-163	138-198	159-233	180-268	200-304	221-339	242-374
	95-93	98-126	121-159	143-193	166-226	189-259	212-292	235-325	258-358
57	76-95	97-131	119-166	140-202	162-237	183-273	205-308	226-344	247-380
	77-94	100-128	123-162	146-196	170-229	193-263	216-297	240-330	263-364
58	77-97	99-133	121-169	143-205	165-241	187-277	209-313	230-350	252-386
	78-96	102-130	125-165	149-199	173-233	197-267	220-302	244-336	268-370
59	79-98	101-135	124-171	146-208	168-245	190-282	213-318	235-355	257-392
	80-97	103-133	128-167	152-202	176-237	200-272	225-306	249-341	273-376

Ⅶ. 순위법의 유의성 검정표(계속)

반복수	처 리 수-								
	2	3	4	5	6	7	8	9	10
60	80-100 81-99	103-137 105-135	126-174 130-170	149-211 155-205	171-249 179-241	191-286 204-276	217-323 229-311	239-361 254-346	262-398 278-382
61	82-101 82-101	105-139 107-137	128-177 132-173	151-215 157-09	175-252 183-244	198-280 208-280	221-328 233-316	244-366 258-358	267-404 283-388
62	83-103 84-102	107-41 109-139	130-180 135-175	154-218 160-12	178-256 186-248	201-295 211-285	225-333 237-321	248-372 263-357	271-411 288-394
63	84-105 85-104	109-143 111-141	133-182 137-178	157-221 163-215	181-260 189-252	205-299 215-289	229-338 241-326	253-377 267-363	276-417 294-399
64	86-106 87-105	110-146 113-143	135-175 139-181	160-24 166-18	184-264 192-256	209-303 219-293	233-343 245-331	257-383 272-368	281-423 299-05
65	87-108 88-107	112-148 115-148	137-188 142-183	162-228 169-221	187-268 196-259	212-308 223-297	237-348 250-335	262-388 277-373	286-429 304-411
66	89-109 90-108	114-150 117-147	140-190 144-186	165-231 171-225	190-272 199-263	216-312 226-302	241-353 254-340	266-394 281-379	291-435 309-417
67	90-111 91-110	116-152 119-149	142-193 146-189	168-234 174-228	194-275 202-267	219-317 230-306	245-358 258-345	271-399 286-384	296-441 314-423
68	91-113 92-112	118-154 120-152	144-196 149-191	171-237 177-231	197-279 205-271	223-321 234-310	249-363 262-350	275-405 291-389	301-447 319-429
69	93-114 94-113	120-156 122-154	147-198 151-194	173-241 180-234	200-283 209-274	227-325 237-315	253-368 266-355	280-410 295-395	306-453 324-435
70	94-116 95-115	122-158 124-156	149-201 153-197	176-244 183-237	203-287 212-278	230-330 241-319	257-373 270-360	284-416 300-400	311-459 329-441
71	96-117 97-116	123-161 126-158	151-204 156-199	179-247 185-241	206-291 215-282	234-334 245-323	261-378 275-364	289-421 304-406	316-465 334-447
72	97-119 98-118	125-163 128-160	153-207 158-202	182-250 188-244	210-294 218-286	238-338 249-327	265-383 279-369	293-427 309-411	321-471 339-453
73	99-120 100-119	127-165 130-162	156-209 160-205	184-254 191-247	213-298 222-289	241-343 252-332	270-387 283-374	298-432 314-416	326-477 345-458
74	100-122 101-121	129-167 132-164	158-212 163-207	187-257 194-250	216-302 225-283	245-347 256-336	274-392 287-379	302-438 318-422	331-483 350-464
75	101-124 102-123	131-169 134-166	160-215 165-210	190-260 197-253	219-306 228-297	249-351 260-340	278-397 291-384	307-443 323-427	336-489 355-470

VIII. Scores for ranked data

Scores for Ranked Data
The mean deviations of the 1st, 2nd, 3rd, ⋯, largest members of samples of different sizes : zero and negative values moitted.

Ordinal number	Size of Sample									
	1	2	3	4	5	6	7	8	9	10
1		.56	.85	1.03	1.16	1.27	1.35	1.42	1.49	1.54
2				.30	.50	.64	.76	.85	.93	1.00
3					.20	.35	.47	.57	.66	
4							.15	.27	.38	
5										.12

	11	12	13	14	15	16	17	18	19	20
1	1.59	1.63	1.67	1.70	1.74	1.76	1.79	1.82	1.84	1.87
2	1.06	1.12	1.16	1.21	1.25	1.28	1.32	1.35	1.38	1.41
3	.73	.79	.85	.90	.95	.99	1.03	1.07	1.10	1.13
4	.46	.54	.60	.66	.71	.76	.81	.82	.89	.92
5	.22	.31	.39	.46	.52	.57	.62	.67	.71	.75
6		.10	.19	.27	.34	.39	.45	.50	.55	.59
7				.09	.17	.23	.30	.35	.40	.45
8						.08	.15	.21	.26	.31
9								.07	.13	.19
10										.06

	21	22	23	24	25	26	27	28	29	30
1	1.89	1.91	1.93	1.95	1.97	1.98	2.00	2.01	2.03	2.04
2	1.43	1.46	1.48	1.50	1.52	1.54	1.56	1.58	1.60	1.62
3	1.16	1.09	1.21	1.24	1.26	1.29	1.31	1.33	1.35	1.36
4	.95	.98	1.01	1.04	1.07	1.09	1.11	1.14	1.16	1.18
5	.78	.82	.85	.88	.91	.93	.96	.98	1.00	1.03
6	.63	.67	.70	.73	.76	.79	.82	.85	.87	.89
7	.49	.53	.57	.60	.64	.67	.70	.73	.75	.78
8	.36	.41	.45	.48	.52	.55	.58	.61	.64	.67
9	.24	.29	.33	.37	.41	.44	.48	.51	.54	.57
10	.12	.17	.22	.26	.30	.34	.38	.41	.44	.47
11		.06	.11	.16	.20	.24	.28	.32	.35	.38
12				.05	.10	.14	.19	.22	.26	.29
13						.05	.09	.13	.17	.21
14								.04	.09	.12
15										.04

Tests of psychological preference and some other experimental data suffice to place a series of magnitudes in order of preference, without supplying metrical values. Analyses of variance, correlations, etc., can be carried out on such data by using the normal scores, appropriate to each position in order, in

Ⅸ. F-분포도(5%)

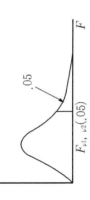

$F_{\nu_1,\ \nu_2}(.05)$

ν2 \ ν1	1	2	3	4	5	6	7	8	9	10	12	15	20	25	30	40	60
1	161.5	199.5	215.7	224.6	230.2	234.0	236.8	238.9	240.5	241.9	243.9	246.0	248.0	249.3	250.1	251.1	252.2
2	18.51	19.00	19.16	19.25	19.30	19.33	19.35	19.37	19.38	19.40	19.41	19.43	19.45	19.46	19.46	19.47	19.48
3	10.13	9.55	9.28	9.12	9.01	8.94	8.89	8.85	8.81	8.79	8.74	8.70	8.66	8.63	8.59	8.59	8.57
4	7.71	6.94	6.59	6.39	6.26	6.16	6.09	6.04	6.00	5.96	5.91	5.86	5.80	5.77	5.72	5.72	5.69
5	6.61	5.79	5.41	5.19	5.05	4.95	4.88	4.82	4.77	4.74	4.68	4.62	4.56	4.52	4.46	4.46	4.43
6	5.99	5.14	4.76	4.53	4.39	4.28	4.21	4.15	4.10	4.06	4.00	3.94	4.37	3.83	3.77	3.77	3.74
7	5.59	4.74	4.35	4.12	3.97	3.87	3.79	3.73	3.68	3.64	3.57	3.51	3.44	3.40	3.34	3.34	3.30
8	5.32	4.46	4.07	3.84	3.69	3.58	3.50	3.44	3.39	3.35	3.28	3.22	3.15	3.11	3.04	3.04	3.01
9	5.12	4.26	3.86	3.63	3.48	3.37	3.29	3.23	3.18	3.14	3.07	3.01	2.94	2.89	2.83	2.83	2.79
10	4.96	4.10	3.71	3.48	3.33	3.22	3.14	3.07	3.02	2.98	2.91	2.85	2.77	2.73	2.66	2.66	2.62
11	4.84	3.98	3.59	3.36	3.20	3.09	3.01	2.95	2.90	2.85	2.79	2.72	2.65	2.60	2.53	2.53	2.49
12	4.75	3.89	3.49	3.26	3.11	3.00	2.91	2.85	2.80	2.75	2.69	2.62	2.54	2.50	2.43	2.43	2.38
13	4.67	3.81	3.41	3.18	3.03	2.92	2.83	2.77	2.71	2.67	2.60	2.53	2.46	2.41	2.34	2.34	2.30
14	4.60	3.74	3.34	3.11	2.96	2.85	2.76	2.70	2.65	2.60	2.53	2.46	2.39	2.34	2.27	2.27	2.22
15	4.54	3.68	3.29	3.06	2.90	2.79	2.71	2.64	2.59	2.54	2.48	2.40	2.33	2.28	2.20	2.20	2.16
16	4.49	3.63	3.24	3.01	2.85	2.74	2.66	2.59	2.54	2.49	2.42	2.35	2.28	2.23	2.15	2.15	2.11
17	4.45	3.59	3.20	2.96	2.81	2.70	2.61	2.55	2.49	2.45	2.38	2.31	2.23	2.18	2.10	2.10	2.06
18	4.41	3.55	3.16	2.93	2.77	2.66	2.58	2.51	2.46	2.41	2.34	2.27	2.19	2.14	2.06	2.06	2.02
19	4.38	3.52	3.13	2.90	2.74	2.63	2.54	2.48	2.42	2.38	2.31	2.23	2.16	2.11	2.03	2.03	1.98
20	4.35	3.49	3.10	2.87	2.71	2.60	2.51	2.45	2.39	2.35	2.28	2.20	2.12	2.07	1.99	1.99	1.95
21	4.35	3.47	3.07	2.84	2.68	2.57	2.49	2.42	2.37	2.32	2.25	2.18	2.10	2.05	1.96	1.96	1.92
22	4.30	3.44	3.05	2.82	2.66	2.55	2.46	2.40	2.34	2.30	2.23	2.15	2.07	2.02	1.94	1.94	1.89
23	4.28	3.42	3.03	2.80	2.64	2.53	2.44	2.37	2.32	2.27	2.20	2.13	2.05	2.00	1.91	1.91	1.86
24	4.26	3.40	3.01	2.78	2.62	2.51	2.42	2.36	2.30	2.25	2.18	2.11	2.03	1.97	1.89	1.89	1.84
25	4.24	3.39	2.99	2.76	2.60	2.49	2.40	2.34	2.28	2.24	2.16	2.09	2.01	1.96	1.87	1.87	1.82
26	4.23	3.37	2.98	2.74	2.59	2.47	2.39	2.32	2.27	2.22	2.15	2.07	1.99	1.94	1.85	1.85	1.80
27	4.21	3.35	2.96	2.73	2.57	2.46	2.37	2.31	2.25	2.20	2.13	2.06	1.97	1.92	1.84	1.84	1.79
28	4.20	3.34	2.95	2.71	2.56	2.45	2.36	2.29	2.24	2.19	2.12	2.04	1.96	1.91	1.82	1.82	1.77
29	4.18	3.33	2.93	2.70	2.55	2.43	2.35	2.28	2.22	2.18	2.10	2.03	1.94	1.89	1.81	1.81	1.75
30	4.17	3.32	2.92	2.69	2.53	2.42	2.33	2.27	2.21	2.16	2.09	2.01	1.93	1.88	1.79	1.79	1.74
40	4.08	3.23	2.84	2.61	2.45	2.34	2.25	2.18	2.12	2.08	2.00	1.92	1.84	1.78	1.69	1.69	1.64
60	4.00	3.15	2.76	2.53	2.37	2.25	2.17	2.10	2.04	1.99	1.92	1.84	1.75	1.69	1.59	1.59	1.53
120	3.92	3.07	2.68	2.45	2.29	2.18	2.09	2.02	1.96	1.91	1.83	1.75	1.66	1.60	1.50	1.50	1.43
∞	3.84	3.00	2.61	2.37	2.21	2.10	2.01	1.94	1.88	1.83	1.75	1.67	1.57	1.51	1.39	1.39	1.32

ν_1 : 시료의 자유도(df sample), ν_2 : 오차의 자유도(df error)

X. F-분포표(1%)

$F_{\nu_1,\ \nu_2}(.01)$

ν_2 \ ν_1	1	2	3	4	5	6	7	8	9	10	12	15	20	25	30	40	60
1	4052.	5000.	5403.	5625.	5764.	5859.	5928.	5981.	6023.	6056.	6106.	6157.	6209.	6240.	6261.	6287.	6313.
2	98.50	99.00	99.17	99.25	99.30	99.33	99.36	99.37	99.39	99.40	99.42	99.43	99.45	99.46	99.47	99.47	99.48
3	34.12	30.82	29.46	28.71	28.24	27.91	27.67	27.49	27.35	27.23	27.05	26.87	26.69	26.58	26.50	26.41	26.32
4	21.20	18.00	16.69	15.98	15.52	15.21	14.98	14.80	14.66	14.55	14.37	14.20	14.02	13.91	13.84	13.75	13.65
5	16.26	13.27	12.06	11.39	10.97	10.67	10.46	10.29	10.16	10.05	9.89	9.72	9.55	9.45	9.38	9.29	9.20
6	13.75	10.92	9.78	9.15	8.75	8.47	8.26	8.10	7.98	7.87	7.72	7.56	7.40	7.30	7.23	7.14	7.06
7	12.25	9.55	8.45	7.85	7.46	7.19	6.99	6.84	6.72	6.62	6.47	6.31	6.16	6.06	5.99	5.91	5.82
8	11.26	8.65	7.59	7.01	6.63	6.37	6.18	6.03	5.91	5.81	5.67	5.52	5.36	5.26	5.20	5.12	5.03
9	10.56	8.02	6.99	6.42	6.06	5.80	5.61	5.47	5.35	5.26	5.11	4.96	4.81	4.71	4.65	4.57	4.48
10	10.04	7.56	6.55	5.99	5.64	5.39	5.20	5.06	4.94	4.84	4.71	4.56	4.41	4.31	4.25	4.17	4.08
11	9.65	7.21	6.22	5.67	5.32	5.07	4.89	4.74	4.63	4.54	4.40	4.25	4.10	4.01	3.94	3.86	3.78
12	9.33	6.93	5.95	5.41	5.06	4.82	4.64	4.50	4.39	4.30	4.16	4.01	3.86	3.76	3.70	3.62	3.54
13	9.07	6.70	5.74	5.21	4.86	4.62	4.44	4.30	4.19	4.10	3.96	3.82	3.66	3.57	3.51	3.43	3.34
14	8.86	6.51	5.56	5.04	4.69	4.46	4.28	4.14	4.03	3.94	3.80	3.66	3.51	3.41	3.35	3.27	3.18
15	8.68	6.36	5.42	4.89	4.56	4.32	4.14	4.00	3.89	3.80	3.67	3.52	3.37	3.28	3.21	3.13	3.05
16	8.53	6.23	5.29	4.77	4.44	4.20	4.03	3.89	3.78	3.69	3.55	3.41	3.26	3.16	3.10	3.02	2.93
17	8.40	6.11	5.19	4.67	4.34	4.10	3.93	3.79	3.68	3.59	3.46	3.31	3.16	3.07	3.00	2.92	2.83
18	8.29	6.01	5.09	4.58	4.25	4.01	3.84	3.71	3.60	3.51	3.37	3.23	3.08	2.98	2.92	2.84	2.75
19	8.18	5.93	5.01	4.50	4.17	3.94	3.77	3.63	3.52	3.43	3.30	3.15	3.00	2.91	2.84	2.76	2.67
20	8.10	5.85	4.94	4.43	4.10	3.87	3.70	3.56	3.46	3.37	3.23	3.09	2.94	2.84	2.78	2.69	2.61
21	8.02	5.78	4.87	4.37	4.04	3.81	3.64	3.51	3.40	3.31	3.17	3.03	2.88	2.79	2.72	2.64	2.55
22	7.98	5.72	4.82	4.31	3.99	3.76	3.59	3.45	3.35	3.26	3.12	2.98	2.83	2.73	2.67	2.58	2.50
23	7.88	5.66	4.76	4.26	3.94	3.71	3.54	3.41	3.30	3.21	3.07	2.93	2.78	2.69	2.62	2.54	2.45
24	7.82	5.61	4.72	4.22	3.90	3.67	3.50	3.36	3.26	3.17	3.03	2.89	2.74	2.64	2.58	2.49	2.40
25	7.77	5.57	4.68	4.18	3.85	3.63	3.46	3.32	3.22	3.13	2.99	2.85	2.70	2.60	2.54	2.45	2.36
26	7.72	5.53	4.64	4.14	3.82	3.59	3.42	3.29	3.18	3.09	2.96	2.81	2.66	2.57	2.50	2.42	2.33
27	7.68	5.49	4.60	4.11	3.78	3.56	3.39	3.26	3.15	3.06	2.93	2.78	2.63	2.54	2.47	2.38	2.29
28	7.64	5.45	4.57	4.07	3.75	3.53	3.36	3.23	3.12	3.03	2.90	2.75	2.60	2.51	2.44	2.35	2.26
29	7.60	5.42	4.54	4.04	3.73	3.50	3.33	3.20	3.09	3.00	2.87	2.73	2.57	2.48	2.41	2.33	2.23
30	7.56	5.39	4.51	4.02	3.70	3.47	3.30	3.17	3.07	2.98	2.84	2.70	2.55	2.45	2.39	2.30	2.21
40	7.31	5.18	4.31	3.83	3.51	3.29	3.12	2.99	2.89	2.80	2.66	2.52	2.37	2.27	2.20	2.11	2.02
60	7.08	4.98	4.13	3.65	3.34	3.12	2.95	2.82	2.72	2.63	2.50	2.35	2.20	2.10	2.03	1.94	1.84
120	6.85	4.79	3.95	3.48	3.17	2.96	2.79	2.66	2.56	2.47	2.34	2.19	2.03	1.93	1.86	1.76	1.66
∞	6.63	4.61	3.78	3.32	3.02	2.80	2.64	2.51	2.41	2.32	2.18	2.04	1.88	1.78	1.70	1.59	1.47

V_1 : 시료의 자유도(df sample), V_2 : 오차의 자유도(df error)

XI. multiple F Test(5%)

Multiple F Tests
Significant Studentized Ranges for a 5 Percent Level-Multiple Range Test

n \ P	2	3	4	5	6	7	8	9	10	12	14	16	18	20	50	100
1	18.00	18.00	18.00	18.00	18.00	18.00	18.00	18.00	18.00	183..	18.00	18.00	18.00	18.00	18.00	18.00
2	6.09	6.09	6.09	60.9	6.09	60.9	6.09	6.09	6.09	6.09	6.09	6.09	6.09	6.09	6.09	6.09
3	4.50	4.50	4.50	4.50	4.50	4.50	4.50	4.50	4.50	4.50	4.50	4.50	4.50	4.50	4.50	4.50
4	3.93	4.01	4.02	4.02	4.02	4.02	4.02	4.02	4.02	4.02	4.02	4.02	4.02	4.02	4.02	4.02
5	3.64	3.74	3.79	3.83	3.83	3.83	3.38	3.38	3.38	3.38	3.38	3.38	3.38	3.38	3.38	3.38
6	3.46	3.58	3.64	3.68	3.68	3.68	3.68	3.68	3.68	3.68	3.68	3.68	3.68	3.68	3.68	3.68
7	3.35	3.47	3.54	3.58	3.60	3.61	3.61	3.61	3.61	3.61	3.61	3.61	3.61	3.61	3.61	3.61
8	3.26	3.39	3.47	3.52	3.55	3.56	3.56	3.56	3.56	3.56	3.56	3.56	3.56	3.56	3.56	3.56
9	3.20	3.34	3.41	3.47	3.50	3.52	3.52	3.52	3.52	3.52	3.52	3.52	3.52	3.52	3.52	3.52
10	3.15	3.30	3.37	3.43	3.46	3.47	3.45	3.46	3.46	3.46	3.46	3.47	3.47	3.48	3.48	3.48
11	3.11	3.27	3.35	3.39	3.43	3.44	3.44	3.44	3.46	3.46	3.46	3.46	3.47	3.48	3.48	3.48
12	3.08	3.23	3.33	3.36	3.40	3.42	3.42	3.44	3.46	3.46	3.46	3.46	3.47	3.48	3.48	3.48
13	3.06	3.21	3.30	3.35	3.38	3.41	3.41	3.44	3.45	3.46	3.46	3.46	3.47	3.47	3.47	3.47
14	3.03	3.18	3.27	3.33	3.37	3.39	3.40	3.42	3.44	3.46	3.46	3.46	3.47	3.47	3.47	3.47
15	3.01	3.16	3.25	3.31	3.36	3.38	3.40	3.42	3.43	3.45	3.45	3.46	3.47	3.47	3.47	3.47
16	3.00	3.15	3.23	3.30	3.34	3.37	3.30	3.41	3.43	3.45	3.45	3.46	3.47	3.47	3.47	3.47
17	2.98	3.13	3.22	3.28	3.33	3.36	3.38	3.40	3.42	3.45	3.45	3.46	3.47	3.47	3.47	3.47
18	2.97	3.12	3.21	3.27	3.32	3.35	3.37	3.39	3.41	3.45	3.45	3.46	3.47	3.47	3.47	3.47
19	2.96	3.11	3.19	3.26	3.31	3.35	3.37	3.39	3.41	3.44	3.45	3.46	3.47	3.47	3.47	3.47
20	2.95	3.10	3.18	3.25	3.30	3.34	3.36	3.38	3.40	3.44	3.44	3.46	3.47	3.47	3.47	3.47
22	2.93	3.08	3.17	3.24	3.29	3.32	3.35	3.37	3.39	3.44	3.44	3.45	3.46	3.47	3.47	3.47
24	2.92	3.07	3.15	3.22	3.28	3.31	3.34	3.37	3.38	3.44	3.44	3.45	3.46	3.47	3.47	3.47
26	2.91	3.06	3.14	3.21	3.27	3.30	3.34	3.36	3.38	3.43	3.43	3.45	3.46	3.47	3.47	3.47
28	2.90	3.04	3.13	3.20	3.26	3.30	3.33	3.35	3.37	3.43	3.43	3.45	3.46	3.47	3.47	3.47
30	2.89	3.04	3.12	3.20	3.25	3.29	3.32	3.35	3.37	3.43	3.43	3.45	3.46	3.47	3.47	3.47
40	2.86	3.01	3.10	3.17	3.22	3.27	3.30	3.33	3.35	3.42	3.42	3.44	3.46	3.47	3.47	3.47
60	2.83	2.98	3.08	3.14	3.20	3.24	3.28	3.31	3.33	3.40	3.40	3.43	3.45	3.47	3.48	3.48
100	2.80	2.95	3.05	3.12	3.18	3.22	3.26	3.29	3.32	3.40	3.40	3.42	3.45	3.47	3.53	3.53
∞	2.77	2.92	3.02	3.09	3.15	3.19	3.23	3.26	3.29	3.38	3.38	3.41	3.44	3.47	3.61	3.67

n: 오차의 자유도(df error)

XII. multiple F Test(1%)

Multiple F Tests
Significant Studentized Ranges for a 5 Percent Level-Multiple Range Test

P \ n	2	3	4	5	6	7	8	9	10	12	14	16	18	20	50	100
1	90.00	90.00	90.00	90.00	90.00	90.00	90.00	90.00	90.00	90.00	90.00	90.00	90.00	90.00	90.00	90.00
2	14.00	14.00	14.00	14.00	14.00	14.00	14.00	14.00	14.00	14.00	14.00	14.00	14.00	14.00	14.00	14.00
3	8.26	8.50	8.60	8.70	8.90	8.90	8.90	9.00	9.00	9.00	9.10	9.20	9.30	9.30	9.30	9.30
4	6.31	6.80	6.90	7.00	7.10	7.10	7.20	7.20	7.30	7.30	7.40	7.40	7.50	7.50	7.50	7.50
5	5.70	5.96	6.11	6.18	6.26	6.33	6.40	6.44	6.50	6.60	6.60	6.70	6.70	6.80	6.80	6.80
6	5.24	5.51	5.65	5.73	5.81	5.88	5.95	6.00	6.00	6.10	6.20	6.20	6.30	6.30	6.30	6.30
7	4.93	5.22	5.37	5.45	5.53	5.61	5.69	5.73	5.80	5.80	5.90	5.90	6.00	6.00	6.00	6.00
8	4.74	5.00	5.14	5.23	5.32	5.40	5.47	5.51	5.50	5.60	5.70	5.70	5.80	5.80	5.80	5.80
9	4.60	4.86	4.99	5.08	5.17	5.25	5.32	5.36	5.40	5.50	5.50	5.60	5.70	5.70	5.70	5.70
10	4.48	4.73	4.88	4.96	5.06	5.13	5.20	5.24	5.28	5.36	5.42	5.48	5.54	5.55	5.55	5.55
11	4.39	4.63	4.77	4.86	4.94	5.01	5.06	5.12	5.15	5.24	5.28	5.34	5.38	5.39	5.39	5.39
12	4.32	4.55	4.68	4.76	4.84	4.92	4.96	5.02	5.07	5.13	5.17	5.22	5.24	5.26	5.26	5.26
13	4.26	4.48	4.62	4.69	4.74	4.84	4.88	4.94	4.98	5.04	5.08	5.13	5.14	5.15	5.15	5.15
14	4.21	4.42	4.55	4.63	4.70	4.78	4.83	4.87	4.91	4.96	5.00	5.04	5.06	5.07	5.07	5.07
15	4.17	4.37	4.50	4.58	4.64	4.72	4.77	4.81	4.84	4.90	4.94	4.97	4.99	5.00	5.00	5.00
16	4.13	4.34	4.45	4.54	4.60	4.67	4.72	4.76	4.79	4.84	4.88	4.91	4.93	4.94	4.94	4.94
17	4.10	4.30	4.41	4.50	4.56	4.63	4.68	4.72	4.75	4.80	4.83	4.86	4.88	4.89	4.89	4.89
18	4.07	4.27	4.38	4.46	4.53	4.59	4.64	4.68	4.71	4.76	4.79	4.82	4.84	4.85	4.85	4.85
19	4.05	4.24	4.35	4.43	4.50	4.56	4.61	4.64	4.67	4.72	4.76	4.79	4.81	4.82	4.82	4.82
20	4.02	4.22	4.33	4.40	4.47	4.53	4.58	4.61	4.65	4.69	4.73	4.76	4.78	4.79	4.79	4.79
22	3.99	4.17	4.28	4.36	4.42	4.48	4.53	4.57	4.60	4.65	4.68	4.71	4.74	4.75	4.75	4.75
24	3.96	4.14	4.24	4.33	4.39	4.44	4.49	4.53	4.57	4.62	4.64	4.67	4.70	4.72	4.74	4.74
26	3.93	4.11	4.21	4.30	4.36	4.41	4.46	4.50	4.53	4.58	4.62	4.65	4.67	4.69	4.73	4.73
28	3.91	4.08	4.18	4.28	4.34	4.39	4.43	4.47	4.51	4.56	4.60	4.62	4.65	4.67	4.72	4.72
30	3.89	4.06	4.16	4.22	4.32	4.36	4.41	4.45	4.48	4.54	4.58	4.61	4.63	4.65	4.71	4.71
40	3.82	3.99	4.10	4.17	4.24	4.30	4.34	4.37	4.41	4.46	4.51	4.54	4.57	4.59	4.69	4.69
60	3.76	3.92	4.03	4.12	4.17	4.23	4.27	4.31	4.34	4.39	4.44	4.47	4.50	4.53	4.66	4.66
100	3.71	3.86	3.98	4.06	4.11	4.17	4.21	4.25	4.29	4.35	4.38	4.42	4.45	4.48	4.64	4.65
∞	3.64	3.80	3.90	3.98	4.04	4.09	4.14	4.17	4.20	4.26	4.31	4.34	4.38	4.41	4.60	4.68

n: 오차의 자유도(df error)

XIII. Student's t-분포표

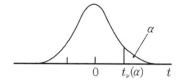

d.f.	α							
ν	.250	.100	.050	.025	.010	.00833	.00625	.005
1	1.000	3.078	6.314	12.706	31.821	38.190	50.923	63.657
2	0.816	1.886	2.920	04.303	06.965	07.649	08.860	09.925
3	0.765	1.638	2.353	03.182	04.541	04.857	05.392	05.841
4	0.741	1.533	2.132	02.776	03.747	03.961	04.315	04.604
5	0.727	1.476	2.015	02.571	03.365	03.534	03.810	04.032
6	0.718	1.440	1.943	02.447	03.143	03.287	03.521	03.707
7	0.711	1.415	1.895	02.365	02.998	03.128	03.335	03.499
8	0.706	1.397	1.860	02.306	02.896	03.016	03.206	03.355
9	0.703	1.383	1.833	02.262	02.821	02.933	03.111	03.250
10	0.700	1.372	1.812	02.228	02.764	02.870	03.038	03.169
11	0.697	1.363	1.796	02.201	02.718	02.820	02.981	03.106
12	0.695	1.356	1.782	02.179	02.681	02.779	02.934	03.055
13	0.694	1.350	1.771	02.160	02.650	02.746	02.896	03.012
14	0.692	1.345	1.761	02.145	02.624	02.718	02.864	02.977
15	0.691	1.341	1.753	02.131	02.602	02.694	02.837	02.947
16	0.690	1.337	1.746	02.120	02.583	02.673	02.813	02.921
17	0.689	1.333	1.740	02.110	02.567	02.655	02.793	02.898
18	0.688	1.330	1.734	02.101	02.552	02.639	02.775	02.878
19	0.688	1.328	1.729	02.093	02.539	02.625	02.759	02.861
20	0.687	1.325	1.725	02.086	02.528	02.613	02.744	02.845
21	0.686	1.323	1.721	02.080	02.518	02.601	02.732	02.831
22	0.686	1.321	1.717	02.074	02.508	02.591	02.720	02.819
23	0.685	1.319	1.714	02.069	02.500	02.582	02.710	02.807
24	0.685	1.318	1.711	02.064	02.492	02.574	02.700	02.797
25	0.684	1.316	1.708	02.060	02.485	02.566	02.692	02.787
26	0.684	1.315	1.706	02.056	02.479	02.559	02.684	02.779
27	0.684	1.314	1.703	02.052	02.473	02.552	02.676	02.771
28	0.683	1.313	1.701	02.048	02.467	02.546	02.669	02.763
29	0.683	1.311	1.699	02.045	02.462	02.541	02.663	02.756
30	0.683	1.310	1.697	02.042	02.457	02.536	02.657	02.750
40	0.681	1.303	1.684	02.021	02.423	02.499	02.616	02.704
60	0.679	1.296	1.671	02.000	02.390	02.463	02.575	02.660
120	0.677	1.289	1.658	01.980	02.358	02.428	02.536	02.617
∞	0.674	1.282	1.645	01.960	02.326	02.394	02.498	02.576

참고문헌

■ Abrahams, H., Krakaurer, D. and K. M. Dallenbach. Gustatory adaptation to salt. Am. J. Psychol. 49, 462-469(1937)

■ American Society for Testing and Materials. Manual on Sensory Testing Methods.

■ Amirican Society for Testing and Material. Philadelpia

■ Amerine, M. A., Pangborn, R. M. and Roessler, E. B.(1965) Principles of sensory evaluation of Food, Academic Press, New York, chap. 5

■ Aust, L. B., Gacula, M. C., Beard, S. A., & Washman, R. W. Degree of difference test method in sensory evaluation of heterogenous product types. J. Food Sci. 50, 511(1985)

■ Baker, R. A. Taste and Odour in Water. Lab. Pract. Vol. 13, No. 8(1964)

■ Basker, D. Critical values of differences among rank sums for multiple comparisons by smalll taste panels. Food Technol. 42(11), 88(1988 b)

■ Basker, D. Critical values of differences among rank sums for multiple comparisons. Food Technol. 42(9), 79(1988 a)

■ Beidler, L. M. Acid stimulation of taste receptors. Physiologist 1(4), 4. (1958)

■ Bengtsson, K. and E. Helm. Principles of taste testing. Wallerstein laboratories Communications. (1953)

■ Bradley, J. E., C. T. Walliker, and D. R. Peryam. Influence of continued testing on preference ratings. In ″Food acceptance testing methodology. Advisory board on Quartermaster Research and Development, Committee on Foods., Natl. Acad. Sci., Natl. Research Council Chicago, Illinois. (1954)

- Bramesco, N. P. and Setser, C. S. Application of sensory texture profiling to baked products: some considerations for evaluation, definition of parameters and reference products. J. Texture Studies. 21, 235(1990)
- Bressan, L. P. & Behling, R. W. The selection of training of judges for discrimination testing. Food Technol. 31, 62(1977)
- Brown, D. G. W., Clapperton, J. F., Meilgaard, M. C. and Moll, M.: Flavor thresholds added substances, J. Am. Soc., Brew, Chem., 36(73), 1978
- Buuren, S. Analyzing Time intensity responses evaluation, Food Technology, 2, 101-104 (1992)
- Cairncross, S. E. and Sjostrom, L. B. Flavor profiles-a new approach to flavor problema. Food Technol., 4(8), 308(1950)
- Cardello, A. V. & Segars, R. A. Effects of sample size and prior mastication on texture judgments. J. Sensory Studies, 4, 1(1989)
- Cater, K. & Riskey, D. The roles of sensory research and marketing research in bringing a product to market. Food Technol. 44(11), 160(1990)
- Caul, J. F. The profile method of flavor analysis. Adv. in Food Reserach, 7:1(1957)
- Civille, G. V. & Szczesniak, A. S. Guidelines to training a texture profile panel. J. Texture Studies. 4, 204(1973)
- Civille, G. V. and Liska, I. H. Modifications and applications to foods of the General Foods sensory texture profile technique. J. Texture Stud., 1(6), 19(1975)
- Cochran, W. G. and G. M. Cox. Experimental Designs. John Wiley and Sons, New York, N. Y. (1957)
- Cooper, R. M., I. Bilash, and J. P. Zubek. The effect of age on taste sensitivity. J. Gerontol. 14, 56-58(1959)
- Cross, H. R., Moen, R., & Stanffield, M. S. Training and testing of judges for sensory analysis of meat quality. Food Technol. 32(7), 48. (1978)
- Dawson, E. H., J. L. Brogdon, and S. MaManus. Sensory testing differences in taste. Food Technol. Vol. 17(9) (1963)
- Dethemer, A. E. Utilizing sensory evaluation to determine product shelf-life. Food Technol. 32(9), 40(1979)
- Duncan, D. B. Multiple range and multiple F test. Biometrics. Vol. II(1955)
- Fletcher, L., Heymann, H., & Ellersieck, M. Effect of visual masking techniques on the intensity rating of sweetness of gelatins and lemonade. J. Sensory Studies. 6, 179(1991)

■ Freire-Maia, A. F. Smoking and P. T. C. Sensitivity. Ann. Human Genet. 24, 331-341(1960)

■ Friedman, M. The use of ranks to avoid the assumption of normality implicit in the analysis of variance. J. Am. Stat. Assoc. 32, 675(1937)

■ Furchtgott, E., and M. P. Friedman. The effects of hunger on thaste and odor RLs. J. Comp. and Physiol. Psychol. 53, 576-581(1960)

■ Gatchalina, M. M., Leon, S. Y. D., & Yano, T. Control chart technique: A feasible approach to measurement of panelist performance in product profile development. J. Sensory Studies. 6(4), 239(1991)

■ Geldard, F. A. The human sense. Wiley, New York, p. 365(1953)

■ Gregson, T.A. M. T(1963) The effect of psychological condition on preference for taste mixtures. Food Technol., 17(3), 44

■ Hahn, H. Uber die adaptation des Geschmackssinnes, Fortschr. Med. 51(20), 436-439(1933)

■ Hainer, R. M., Emslie, A. G. and Jacobson, A. An information theory of olfaction, in basic odor. Research correlation, Ann, N. Y. Acd. Sci., 58, 158(1954)

■ Henning, H. Physiologie and Psychologie des Geschmacks. Ergeb. Physiol. 19, 1-78(1921)

■ Hollingworth, H. L., and A. T. Poffenberger, Jr. 1917. "The sense of taste" 200 pp.. Moffat, Yard and Co., New York

■ Kalmus, H., and S. J. Hubbard : " The Chemical Senses in Health and Disease," 95 P Thomas, Springfield, Illinois. (1960)

■ Keane, P. The flavor profile In Manual on descriptive analysis testing, p. 5. ASTM Manual Series: MNL 13, R. C. Hootman(Ed). American Society for Testing and Materials, Philadelphia

■ Kim, K. and Setser, C. S. Presentation order bias in consumer preference studies on sponge cakes. J. Food Sci. 45, 1073(1980)

■ Kramer, A., Kahan, G., Cooper, D., & Papavasilliou, A. A non-parametric methods for the statistical evaluation of sensory data. Chem. Senses Flaour 1, 121(1974)

■ Krut, L. H., M. J. Perrin and B. Bronte-Stewart. Taste perception in smokers and non-smokers. Brit. Med. J. No. 5223, 384-387(1961)

■ Larmond, E. Laboratory methods for sensory evaluation of food. Publication 1637. Research Branch. Canada Dept. Agric., Canada.(1977)

■ Lating, D. G. Optimum perception of odours by humans, Report CSIRO Division of Food Research, North Ryde, N. S. W., Australia, 1987

■ Lawless, H. T. & Clark, C. C. Psychological biases in time-intensity scaling. Food

Technol. 46(11), 81(1992)

■ Lawless, H. T. : Course notes, in psychophysical principles and sensory evaluation, Center for professional Advancement, East Brunswick, N. J. March 12(1984)

■ Lundahl, D. s. & McDaniel, M. R. Influence of panel inconsistency on the outcome of sensory evaluations from descriptive panels. J. Sensory Studies. 6(3), 145(1991)

■ MacFie, H. J., Bratchell, N., Greenhoff, K. & Vallis, L. V. Designs to balance the effect of order of preservation and first-order carry-over effects in hall test. J. Sensory Studies. 4, 129(1989)

■ McDaniel, M. R., Lederer, C. L., Flores, J. H., & Heatherbell, D. A. Effect of sulphur dioxide and storage temperature on the sensory properties of clarified apple juice. J. Food Sci. 55, 728(1990)

■ McDaniel, M., Henderson, L. A., Watson, Jr. B. T., & Heatherbell, D. Sensory panel training and screening for descriptive analysis of the aroma of pinot noir wine fermented by several strains of malolactic bacteria. J. Sensory Studies. 2(3), 149(1987)

■ Meilgaard, M., Civille, G. V., and Carr, B. T Sensory evalution techniques. CRC press Inc., Boca Ration, FL(1987)

■ Meilgaard, M., Civille, G. V., and Carr, B. T. Sensory evaluation techniques(2nd ed.). CRC Press Inc., Boca Raton, FL(1991)

■ Meiselam, H. L. : Effect of response task on taste adaptation. Perception & Psycholphysics 17, 591(1975)

■ Morrison, G. R. : Measurement of flavor, J. Inst. Brew., 88(170), 1982

■ Moskowitz, H. R. and Kapsalis, J. G. The texture profile: its foudation and outlook. J. Texture Stud., 1(6), 157(1975)

■ Moskowitz Howard. Applied Sensory analysis of foods Vol I. II. CRC press(1988)

■ Mullins, L. J. Olfactory thresholds of some homologous series of compounds. Federation Proc., 14, 105(1955)

■ Moskowitz Howard. Applied Sensory analysis of foods Vol I. II. CRC press(1988)

■ Muňoz, A. M. Civille, G. V. The spectrum descriptive Analysis Testing. P.22 ASTM Manual Series : MIVL 13. R. C. Hootman(Ed). ASTM STP 434. American Society for Testing and Materials. Philadelphia, Pa. (1968)

■ Nakayma, M. and Wessman. Application of sensory evaluation to the routine maintenance of product quality. Food Technol. 32(9), 38(1979)

■ Neilson, A. J., Ferguson, V. B., & Kendall, D. A. Profile methods: Flavor profile and profile attribute analysis. In : Applied sensory analysis(Vol. 1). p. 21. H. Moskowitz(Ed.). CRC Press. Inc., Boca Raton, Florida. (1988)

- O'Mahoney, M. & Goldstein, L. R. Effectiveness of sensory difference tests: Sequential sensitivity analysis for liquid food stimuli. J. Food Sci. 51, 1550(1986)

- O'Mahony, M. Sensory adaptation. J. Sensory Stud., 1(3/4), 237(1986)

- Pangborn, R. M. Inflluence of hunger on sweetness preferences and taste thresholds. Am. J. Clin. Nutrition 7, 280-287(1959)

- Pangborn, R. M. Sensory techniques of Food analysis. In Food Analysis, Principles and Techniques(Vol. 1) p. 59. Marcel Dekker, New York(1984)

- Pangborn, R. M. Taste interrelationships. Food Research 25, 245-256(1960b)

- Pfaffman, C. The sense of taste, In: Handbook of physiology. Vol 1. p. 779, Am. Physiol, Soc. Washington, D. C.(1959)

- Pfaffman, C. The sense of taste, In: Handbook of physiology. Vol 1. p. 779, Am. Physiol, Soc. Washington, D. C.(1959)

- R. Johnston(Ed.). Institute of Food Technologists, Chicago. (1979)

- Rainey, B. A. Selection and training of panelists for sensory testing. In Sensory evaluation methods for the practicing food technologists. Johnston, M. R.(Ed.). Institute of Food Technologists, Chicago. IL.(1979)

- Rao, C. R. Sequential tests of null hypotheses, Sankhua, 10, 361-370(1950)

- Richter, C. P., and K. H. Campbell. Sucrose thresholds of rats and humans. Am. J. Physiol. 128, 291-297(1940a)

- Roessler, E. B., Pangbon, r. M., Sodel, J. L., & Stone, H. Expanded statistical tables for estimation significance in paired preference, paired difference, duo-trio and triangle tests. J. Food Sci. 43, 949(1978)

- Scheffe, H. An analysis of variance for paired comparison. J. Am. Stat. Assoc. 47, 381(1952)

- Schiffman, S.S., Reynolds, M. L., and Young, F.W., Introduction to multidimensional scaling: Theory, Methods, and Application, Academic Press, New York, 1981

- Skillings, J. H. and Mack, G. A. On the use of a friedamn-type statistic inbalanced and unbalanced block designs. Technometrics. 23, 171(1981)

- Stampanoni, C. R. The use of standard flavor language and quantitative flavor profiling technique for flavored dairy products. J. Sensory Studies. 9, 383(1994)

- Stef van Buuren. Analyzing time-intensity response in sensory evaluation. Food Technol.

101-104(1992)

■ Stone, H & Sidel, T. L Sensory evaluation practics, second edition, Academic Press, Inc. Orland(1992)

■ Stone, H. & Sidel, J. L. The challenge for sensory evaluation in the 1980's. In Sensory evaluation methods for the practicing food technologists(IFT shor course). M. R. Johnston(Ed.). Institute of Food Technologists, Chicago. (1979)

■ Stuiver, M. Biophysics of the sense of smell. Thesis Rijks Univ., Groningen, The netherlands, p. 99 (1958)

■ Szczesniak, A. S. General Foods texture profile revisited-ten years perspective. J. Texture Stud., 1(6), 43(1975)

■ Szczesniak, A. S., Brandt, M. A., & Friedman, H. Development of standard rating scales for mechanical parameters of texture and correation between the objective and sensory methods of texture evaluation. J. Food Sci. 28, 397(1963)

■ Szczesniak, A. S., Loew, B. J. and Skinner, E. Z. Consumer textrue profile technique. J. Food Sci., 6(40), 1253(1975)

■ Wald, A. Sequential analysis, 212. p. Wiley, New York(1947)

■ Yensen, T. Some factors affecting taste sensitivity in man. I. Food intake and tiime of day. II. Depletion of body salt. III. Water deprivation. Quart. J. Exptl. Psychol. 11, 221-229, 230-238, 239-248(See also Nature 182, 677-679, 1958)

■ Zook, K. & Wessman, C. The selection and use of judges for descriptive panels. Food Technol. 31(11), 56(1977)

■ 김광옥, 김상숙, 성내경, 이영춘 ; 관능검사 방법 및 응용, 신광출판사(1993)

■ 김광옥, 이영춘 : 식품의 관능검사, 학연사(1989)

■ 김상숙, 홍성희, 민봉기, 신명곤. 패널요원 수행능력 평가에 사용된 분산분석, 상관분석, 주성분 분석, 결과의 비교, 한국식품과학회지, 26(1), 57(1994)

■ 김우정, 성현순 :온도 및 당의 첨가가 인삼차의 향미에 미치는 영향. 한국식품과학회지, 17(4), 589-595(1985)

■ 김혜영, 이미경, 장경아, 김광옥. 소세지의 텍스쳐 프로필 수행을 위한 용어와 표준 척도의 개발. 한국식품과학회지, 27(1), 1(1995)

■ 서동순, 김광옥, 여익현. 두부의 정량적 묘사분석을 위한 패널요원 훈련. 한국식품과학회 추계학술회 관능검사분과위원회심포지움. S8-2, 64차 (1999)

찾아보기

ㄱ

가정사용(home-use) 115

가정사용검사 110, 117

감각기관 9

감별한계값 22

감소 효과 23

감정적인 요인 18

감지한계값 22

강화현상 22, 23

개인적인 요인 17

객관적인 검사 34

건강상태 17

검사 목적에 따른 분류 34

검사대 26

검사 시 주의사항 32

검사 시의 영향요인 20

검사실(Booth area) 26

겉모양 특성 12

공장요원 44

관능 용어의 개발 및 표시 43

관능검사실의 설비 25

관능검사의 업무단계 15

관능검사의 역사 10

관능검사의 일반적인 조직체계 14

관능검사의 절차 13

관능검사의 중요성 9

관능적 요소 11

관능적 특성의 정량적 평가방법 47

관능적 품질요소 10

구획척도(structured scale) 48

근사오차(proximity error) 21

금속 맛 17

기대오차(error of expectation) 21

기호 척도법 110

기호(coding) 30

기호도 검사 109, 110

기호도 조사 패널 35

ㄴ

나이 18

난수표 30

날씨 19

냄새 특성 12

논리적 오차(logical error) 21

ㄷ ㄹ

다시료 비교검사
　(Multiple comparison test) 75

다중이점비교법 112

단맛 17

단순 차이 검사
　(simple difference test) 52

단순차이 검사의 질문지 53

단순차이검사 시료 제시 53

대기실 27

대조오차(contrast error) 21

동반식품 31

동일 시료 쌍 52

둔화현상 23

등급(grading) 47

랜덤화완전블럭계획 78

ㅁ

맛 특성 12

맛보기 시료 31

맛의 상호작용 21

맛의 회복 속도 23

모집기준 35

묘사 분석을 위한 선발 42

묘사 방법(QDA) 103

묘사분석 및 패널 훈련실 26

묘사분석(Descriptive analysis) 95

묘사선정 96

무경험 패널 34

미각적 요소 12

ㅂ

반복된 랜덤화 완전 블록계획 86

배고픔 18

분류(classification) 47

불완전 블록법 시료 제시법 92

불완전블록계획 87

비구획 척도 48

ㅅ

삼점 검사 37, 40, 56

상승효과 23

상호작용 21

선발 검사 37

선발기준 44

선척도(line scale) 49

선호도 검사(acceptance test) 110

성별 18

소리 특성 12

소비자 패널 34

소비자의 기호도 검사 13

손느낌 특성 12

수면 18

수면 부족과 배고픔의 영향 18

순위(ranking) 48

순위/평점 검사 42

순위법 41, 62, 110, 114

순위오차

　(order error or time error) 21

순위 정하기 및 강도의 측정 41

스펙트럼 묘사 분석 105

습관오차(error of habitation) 21

시각적 요소 12

시간 19, 30

시간-강도 묘사분석 107

시료에 관한 정보 29

시료의 제시방법 29

시료의 크기, 양, 수 29

식품의 관능적 요소 11

신제품 개발 12

실험실 검사 116

심리적 오차 20

ㅇ

양적인 요소 10

양측검정 111

역사 10

연상오차(association error) 21

영양위생적인 요소 10

예비 설문지 42

오전, 오후, 시간 19

온도 19, 30

온도 및 시간 30

완전 랜덤화 계획법 75

용기 29

원가절감 및 공정개선 13

원료의 선택 13

유경험 패널 34

이점 대비법

　(simple paired comparison) 52

이점 비교 검사

　(paired Comparison Test) 60

이점비교법 110

이질 시료 쌍 52

일반적 요인 17

일-이점 검사 54

일-이점 검사의 질문지 55

ㅈ

자극오차(stimulus error) 21

적합성 판정법 114

적합척도 114

전문 패널 34

절대한계값 22

정량적 묘사 방법 103

정확도 감지와 묘사검사 42

제1종 오차 21

제2종 오차 21

제시순서 30

제품의 색, 포장 및 디자인의 선택 13

종교 사회면 19

종합적 차이 검사 51

주관적인 검사 34

준비실 27

중기 실습 43

중심지역검사 116

중앙경향오차 20

질문지 작성 31

짝짓기 검사(Matching test) 40

ㅊ

차이식별 패널 34

차이검사 40

차이검사에 사용되는 시료 41

차이식별검사를 위한 선발 40

차이역치 22

채점법(scaling test) 110

책임자 14

척도(scaling) 48

초기 실습 43

촉각 및 운동감각 12

촉각 및 운동감각 요소 12

총 평방계 66, 71, 80

최소 유의차(LSD) 72

최종 실습 43

치즈 케익의 텍스처 프로필 103

ㅋ ㅌ

크기추정 척도 50

텍스쳐 검사 요령 100

텍스쳐 특성 12

텍스쳐 프로필 96

텍스쳐 프로필 방법 99

특성 묘사 패널 35

특성 차이검사
  (attrebute difference test) 51, 60

특성의 강도(intensity)차이 47

ㅍ

패널(panel) 33

패널 지도자(panel leader) 33

패널요원 33

패널요원 대기실 27

패널요원에 대한 일반적인 유의 사항 35
평점법 41, 69
품질 개선 13
품질 기준 설정 13
품질 수명의 예측 및 저장
  유통조건 설정 13
품질관리 13, 43
품질관리 패널 34
품질관리를 위한 선발 43
피부 느낌 특성 12

기타

multidimensional analysis 112
sequential analysis 37
terminal threshold(TL) 22

ㅎ

한계값(threshold) 22
한계값의 종류 22
항목 척도(Category scale) 48
향미 프로필 방법 96
확장 삼점검사 59
환경적 요인 19
회복 속도 23
후각적 요소 12
훈련 유무에 따른 분류 34
훈련된 패널 34
흡연 18
흥미 18

저자약력

김우정 1966년 서울대학교 농화학과 졸업
1971년 미국 Univ. of Georgia, 식품공학 석사학위 취득
1976년 미국 Univ. of Georgia, 식품공학 박사학위 취득
1976년 캐나다 Univ. of Saskatchewan 박사후과정
1978년 미국 Cornell Univ. 식품공학과 연구원
1979년 한국인삼연초연구원, 연구부장
2007년 현. 세종대학교 식품공학과 명예교수

구경형 1985년 세종대학교 식품공학과 졸업
1988년 세종대학교 식품공학과 석사학위 취득
1992년 한국식품개발연구원 생물공학연구본부 선임연구원(현재)
1993년 세종대학교 식품공학과 박사학위 취득
1998년 한국식품기술사 취득

|개정판|
식품관능검사법

2001년 8월   8일 초 판 1쇄 발행
2003년 6월   9일 초 판 2쇄 발행
2007년 10월   26일 개정판 1쇄 발행
2014년 1월   6일 2개정판 1쇄 발행

지 은 이 • 김우정 · 구경형
발 행 인 • 김 홍 용
디 자 인 • 에스디엠
펴 낸 곳 • **도서출판 효 일**
주   소 • 서울특별시 동대문구 용두2동 102-201
전   화 • 02) 928-6644
팩   스 • 02) 927-7703
홈페이지 • www.hyoilbooks.com
e - mail • hyoilbooks@hyoilbooks.com
등   록 • 1987년 11월 18일 제6-0045호

값 14,000원

ISBN 978-89-8489-030-5